受講番号		氏 名	

実技教習がどこまで進んだか自身で確認しましょう！

教習課目セルフチェックリスト		チェック✔
1-1	発航前の準備	
1-2	発航前の点検	
	船体	
	操縦席	
	エンジン（船外機、船内外機）	
	法定備品 / 装備品 / 法定書類	
1-3	エンジンの運転・状態確認（トラブルシューティング）	
2-1	解らん	
2-2	係留	
3-1	結索 ロープの取扱い	
3-2	結びの種類	
	もやい結び（2種類）	
	巻き結び（2種類）	
	いかり結び	
	一重つなぎ・二重つなぎ	
	クリート止め	
	本結び	
	8の字結び	
	止め結び	
	ひと結び・ふた結び	
3-3	ロープエンド（末端）の処理	
4	方位測定	
5-1	見張り	
5-2	安全確認	
6-1	操縦姿勢、ハンドル・リモコンレバーの操作	
6-2	発進・低速直進	
6-3	高速直進	
6-4	停止	
7	後進	
8-1	変針・旋回（目標・コンパス針路）	
8-2	連続旋回（蛇行）	
9	人命救助	
10	避航操船（行会い船・横切り船・各種船舶間）	
11-1	前進離岸	
	後進離岸	
11-2	右舷着岸	
	左舷着岸	
動画視聴	アンカリング・えい航・夜間航行	

JN189942

6 実習に使用する小型船舶の例

第1章 小型船舶の取扱い

目次

12 第1課 発航前の準備及び点検

12 **1-1** 発航前の準備

18 **1-2** 発航前の点検

18 ❶船体の点検

24 ❷操縦席の点検

26 ❸エンジンの点検

26 **A** 船外機

34 **B** 船内外機

40 ❹法定備品／装備品／法定書類の点検

40 **A** 係船設備

42 **B** 救命設備

43 **C** 消防設備

44 **D** 排水設備

45 **E** 法定書類

47 **1-3** エンジンの運転・状態確認

47 ❶始動

47 **A** 船外機

50 **B** 船内外機

52 ❷暖機

53 ❸状態確認

53 **A** 始動後の状態確認

55 **B** 計器類

58 [補足]トラブルシューティング

62 ❹冷機・停止

64 第2課 解らん・係留

64 **2-1** 解らん

66 **2-2** 係留

70	第3課	**結索**
70	**3-1**	ロープの取扱い
71	**3-2**	結びの種類
71	コラム	結びの呼称
72		❶もやい結び
73		❷巻き結び
74		❸いかり結び
75		❹一重つなぎ・二重つなぎ
76		❺クリート止め
77		❻本結び
77		❼8の字結び
78		❽止め結び
78		❾ひと結び・ふた結び
79	**3-3**	ロープエンド（末端）の処理
80	第4課	**方位測定**

目次

	第2章	基本操縦

84	第5課	安全確認
84	5-1	見張り
85	コラム	SCAN
86	5-2	安全確認
88	第6課	発進・直進・停止
88	6-1	操縦姿勢、ハンドル・リモコンレバーの操作
90	6-2	発進・低速直進
95	6-3	高速直進
99	6-4	停止
99		❶水の抵抗による停止
102		❷後進を使った停止
103	コラム	BOATER's EYE
104	第7課	後進
108	第8課	変針・旋回・連続旋回
108	8-1	変針・旋回
108		❶目標を使った変針
112		❷コンパスを使った変針
115	8-2	連続旋回（蛇行）

第3章 応用操縦

122	第9課	人命救助
129	コラム	FERRY
130	第10課	避航操船
134	第11課	離岸・着岸
134	11-1	離岸
134		❶前進離岸
140		❷後進離岸
144	コラム	転心（ピボットポイント）
146	11-2	着岸
154	参考	その場回頭

付録

155	一・二級小型船舶操縦士実技試験について 動画視聴：アンカリング・えい航・夜間航行

実習に使用する小型船舶の例

[船外機船]

白色全周灯
両色灯
船外機
船尾
船首

操縦装置 例
各種メーター
各種スイッチ
コンパス
リモコンレバー
キースイッチ

船首
両色灯
バウハッチ
ストームレール
白色全周灯
左舷
右舷
燃料給油口
船尾

■仕様諸元

材質	FRP（強化プラスチック）
全長	20フィート型（6.03メートル）
全幅	2.27メートル
全深さ	1.39メートル
重量	1.08トン
定員	6名
航行区域	限定沿海

［船外機］

エンジン各部の名称（船外機）

① スターターモーター
② ヒューズボックス
③ 吸気サイレンサー
④ 整流器
⑤ オイルフィルター
⑥ オイルレベルゲージ
⑦ チルトスイッチ

⑧ フライホイールカバー
⑨ インテークマニホールド
⑩ オイルフィラーキャップ
⑪ 水洗用ポート
⑫ プラグカバー
⑬ 燃料ポンプ
⑭ 燃料フィルター（2次）
⑮ インジェクター

［船内外機船］

停泊灯 / マスト灯 / 船尾灯 / バウクリート / フェンダー / 両色灯 / フェンダー / ベンチレーター / 船尾 / 船首 / バウアイ / ドライブユニット

242-22330 涼風901

操縦装置

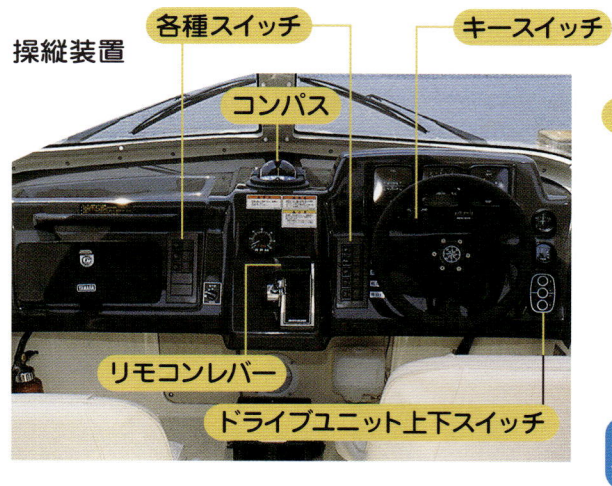

各種スイッチ / キースイッチ / コンパス / リモコンレバー / ドライブユニット上下スイッチ

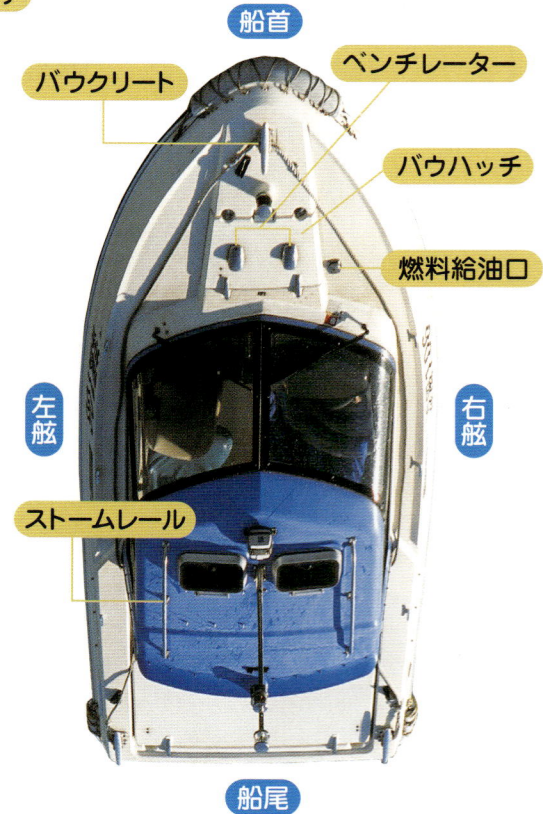

船首 / バウクリート / ベンチレーター / バウハッチ / 燃料給油口 / 左舷 / 右舷 / ストームレール / 船尾

■仕様諸元

材質	FRP（強化プラスチック）
全長	17フィート型（5.44メートル）
全幅	2.09メートル
全深さ	1.01メートル
重量	1.25トン
定員	5名
航行区域	限定沿海

［船内外機］ エンジン各部の名称（ガソリンエンジン）

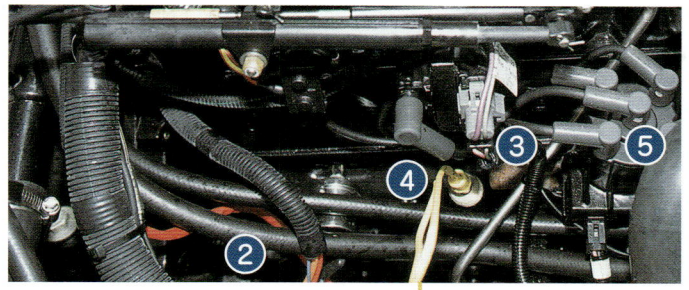

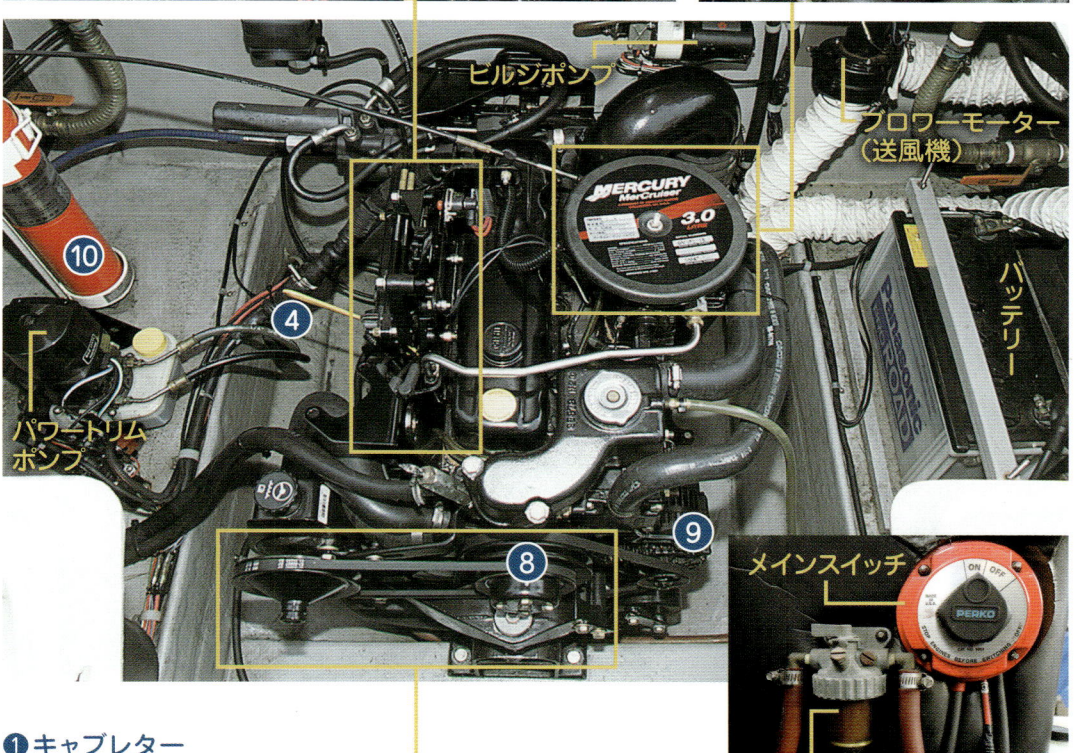

ビルジポンプ

ブロワーモーター
（送風機）

バッテリー

パワートリム
ポンプ

メインスイッチ

燃料フィルター

パワーステアリング
ポンプ

❶ キャブレター
❷ スタータモーター
❸ イグニッションコイル
❹ オイルレベルゲージ
❺ ディストリビューター
❻ 燃料ポンプ
❼ オイルフィルター
❽ 冷却水循環ポンプ
❾ 発電機
❿ 消火器

Memo

第1章

小型船舶の
取扱い

第1課 発航前の準備及び点検

1-1 発航前の準備

　船舶職員及び小型船舶操縦者法にも定められているとおり、発航前に様々な準備をすることは船長として遵守しなければならない大切な事項です。出航前のポイントを今一度押さえておきましょう。

1 最新の気象、海象情報の確認

① 前日までに気象、海象情報を収集しましたか。できるだけ前日までに出航の可否を判断しましょう。天候の悪化が予想されるときには、いさぎよく出航を取りやめる勇気を持ちましょう。

② 当日、最新の気象、海象情報を確認しましたか。特に潮汐、風向・風速、日没時刻の確認は必須です。

穏やかな海には開放感を味わえる大きな魅力があり、ボートで乗り出せばこの上ない爽快感を感じます。
しかし海は一瞬にしてその表情を変えます。風が吹き、波立つ海面でも安全に航海するためには、
船長の技量はもちろんですが、事前の準備と点検が不可欠です。
船長の責任としてどのような準備が必要でどのように点検をすればよいかをしっかり覚えましょう。

2 航海計画の確認

① 立てた航海計画に無理はないですか。ボートの性能、船長の技量、同乗者の状況などをもとに再度確認しましょう。

② 航行予定水域の調査は済みましたか。航路上の危険物、避難港、燃料補給のできるところ、ローカルルールなどを再度確認しましょう。

③ 出入港時刻に余裕はありますか。早めの出入港時刻を設定し、危険を伴う夜間航行は避けましょう。

3 連絡手段の確保

① 陸上との連絡手段を確保しましたか。携帯電話以外に国際ＶＨＦ無線機などのバックアップがあると安心です。

② 携帯電話のサービスエリアを確認しましたか。沿岸でも通信会社によってサービスエリアは違うので、航行予定水域がエリア内かよく確認しておきましょう。

③ 携帯電話の防水対策は大丈夫ですか。防水型も含めて防水ケースに入れ、首から掛けて使用しましょう。電池切れに備えてモバイルバッテリーを用意しておきましょう。

4 搭載品の確認

① 燃料の残量は確認しましたか。出航時の燃料は満タンにする習慣をつけます。荒天時は想像以上に燃料を消費するので、航行時間が長くなる場合は予備燃料も用意しましょう。

② 係船設備を確認しましたか。寄港地などでいつもと違う環境で係船する場合は、ロープやフェンダーなどの予備を用意しておきましょう。

③ 備品類はすぐに使えますか。様々な備品の状態や格納場所を再度確認し、整理整頓していつでも使えるようにしておきましょう。

④ 操縦免許証を持ちましたか。免許証以外にも必ず搭載しなければならない証書類を確認しましょう。

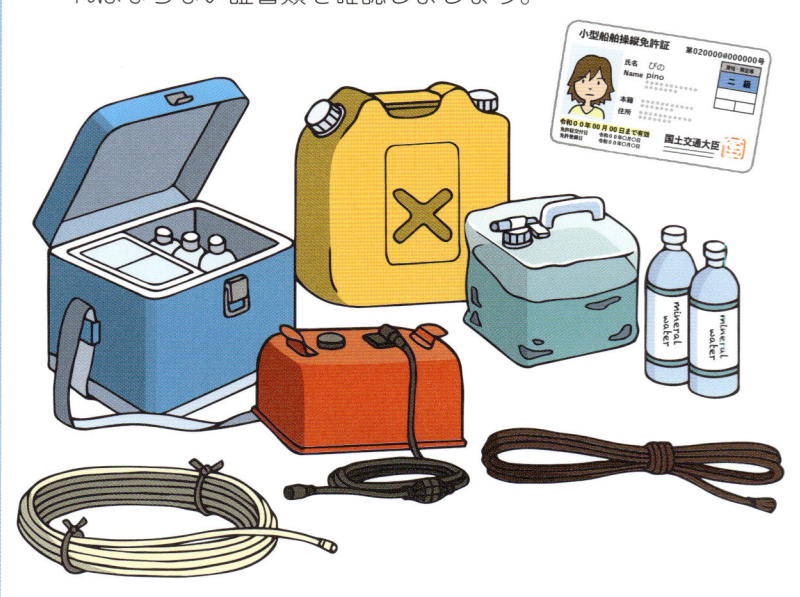

5 出航する際の服装

① 水上での行動に適した服装ですか。軽快で動きやすく、天候の急変や海上での気温に対応できる服装をしましょう。晴れでも雨じたく、夏でも冬じたく、です。

② 足下は大丈夫ですか。底が滑りにくく、かかとが固定でき、つま先を保護できるものを履きましょう。

6 ライフジャケットの着用

① 型式承認を受けたライフジャケットを着用しましたか。ライフジャケットは海中転落時に身を守る最善の手段です。船長の義務として、乗船中は自身を含め必ず全員に着用させましょう。また、膨脹式は使用方法も伝えておきましょう。

② 桟橋に入る前に着用しましたか。乗船中だけでなく、桟橋でもライフジャケットを必ず着用する習慣をつけましょう。

7 乗船者の体調確認

① 同乗者の体調を確認しましたか。体調の悪い人がいる場合は、出航を中止したり、体調の悪い人は陸に残して出航するなど適切な判断をしましょう。

② 自身の体調を自覚していますか。体調が悪い場合は、注意力が散漫になり、判断力が低下するなど事故の原因となるので出航は控えましょう。

③ 酔い止めなど救急医薬品を用意しましたか。出航前に服用させたり、船内に常備しておくとよいでしょう。

8 行動予定の連絡

① 出航を通知しましたか。家族やマリーナなどに必ず行動予定を連絡しておきましょう。

② 出港届を出しましたか。必要な場合は必ず提出しましょう。

 a 船長及び乗船者の氏名・住所・連絡先
 b 行動予定（目的地、寄港予定地、行動予定時間）
 c 帰港予定日時
 d 船名・船の種類や特徴等

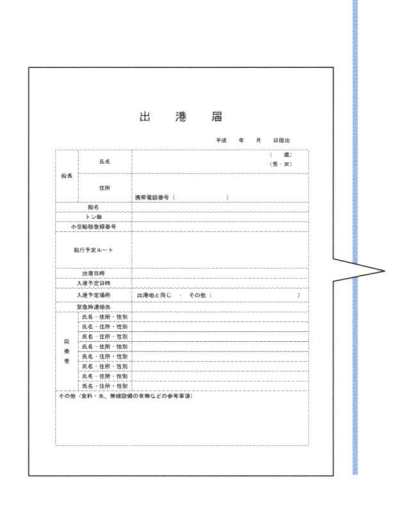

出航前準備チェックリスト

確認事項	確認内容	チェック
気象、海象情報	天気	
	潮汐	
	風向・風速	
	日没時刻	
水域情報	条例・ローカルルール	
	危険物・航行禁止区域	
装備品、所持品	通信手段	
	燃料	
	法定備品	
	法定書類(操縦免許証・船舶検査証書・船舶検査手帳)	
乗船者	体調	
	服装	
	ライフジャケット	
出港の通知	出港届	
	家族・知人	

1-2　発航前の点検

　小型船舶の海難事故の原因を見ると発航前の点検を怠ったことにより発生しているものが数多く見受けられます。簡単に陸上からの支援を受けることができない海上では、点検のミスが命取りになることがありますので、運航の最終責任者である船長は、確実な点検を行うよう心掛けましょう。

［点検のチェックポイント］
① 確実に見える位置まで移動して確認すること
② 必要に応じて、手で触れて確認すること
③ 可動部分は実際に動かして確認すること
④ 油量、液量等を適切な方法で確認すること
⑤ 有効期限、数量、保管状況等を確認すること

❶ 船体の点検

　船体に損傷があり浸水すると沈没の危険が生じます。また、水がたまっていたり搭載品のバランスが悪いと転覆につながりかねません。船体の内外部に破損箇所や水漏れがないか、トリム（船首喫水と船尾喫水の差）やヒール（船体の左右の傾き）に異常がないかどうかを点検しましょう。

船体の点検は桟橋に係留した状態で次のような要領で行いましょう

01　船体の点検を行います

02　船首

【要点】
●船首部に亀裂や破口がないか適切な位置から目視により確認します。特に漂流物があたりやすい喫水線付近はよく確認します。

次ページへ続く

03 甲板（デッキ）

【要点】
● 甲板に亀裂や破口がないか適切な位置から目視により確認します。また、開口部（ハッチ）が閉まっているかを触って確認します。

04 左（右）舷側

【要点】
● 舷側に亀裂や破口がないかを適切な位置から目視により確認します。

次ページへ続く

05 船尾

【要点】
- トランサムやモーターウェル（船外機をチルトアップするときのスペース）に亀裂や破口がないかを適切な位置から目視により確認します。

06 推進器

【要点】
- 船内外機のドライブユニットや船外機のロアケーシング（プロペラ付近）にロープやゴミが絡んでいないか、推進器周りに油が浮かんでいないかを確認します。

次ページへ続く

07 乗船します

【要点】
● 3点支持（四肢のうち3つが必ず船体か陸上を保持している状態）を守って乗船します。

08 右（左）舷側

【要点】
● 桟橋から点検できなかった舷側に亀裂や破口がないかを適切な位置から目視により確認します。

次ページへ続く

09 浸水

【要点】
- エンジンルームやストア（物入れ）など構造上ビルジが溜まる場所に異常なビルジが溜まっていないかを実際にハッチ類を開けてその有無を確認します。

10 船体の安定状態（復原力）

【要点】
- 船体を揺らしてみて戻り具合から安定状態（復原力）を確認します。

次ページへ続く

11 船体の安定状態（トリム）

【要点】
● 真横から見て前後方向に異常な傾きがないかを確認します。

12 船体の安定状態（ヒール）

【要点】
● 後方から見て左右方向に異常な傾きがないかを確認します。

船体の点検を終了します。

❷操縦席の点検

　操縦席には各種スイッチや航海計器が設置されています。出航後に動かなかった、使えなかったということがないように、各部の作動状態を確認しましょう。

次のような要領で行いましょう

01　操縦席での点検を行います

02　船灯

> 【要点】
> ●船灯のスイッチを入れ、点灯していることを適切な位置から目視により確認します。又は、船灯のスイッチを入れ、同乗者に適切な指示を行い、点灯していることを確認させます。

白色全周灯　　両色灯

白色全周灯

両色灯

次ページへ続く

03 ワイパー

【要点】
● ワイパーのスイッチを入れ、正常に作動することを確認します。

04 ホーン

エアホーン

【要点】
● ホーンのスイッチを入れ、正常に鳴ることを確認します。

05 コンパス

【要点】
● 取付状態や気泡の有無を確認します。

※ ハンドル・リモコンレバー

ハンドルとリモコンレバーも正常に作動するかを確認しますが、エンジンが掛かっていない状態で点検するとかえって不具合を生じることがあるため、エンジンを始動し、暖機運転が終了した後などに行います。

操縦席の点検を終わります

❸エンジンの点検

　小型船舶の事故原因で上位を占めるのがエンジントラブルです。船外機に代表されるマリンエンジンはメンテナンスフリー化が進み故障しにくくなっていますが、厳しい環境で使用されることを考慮し、発航前の点検を確実に行って事故を防止しましょう。

❸-A 船外機

船外機の点検は桟橋に係留した状態で次のような要領で行いましょう

01 船外機の点検を行います。

02 カバーを外します

船外機のカバー（カウリング）を外すときには、カバーを落としたり、自身が落水しないように注意します。

03 船外機の取付け

【要点】
●取付用の固定ボルトを目視等により確認します。さらに、エンジン本体あるいは取付部を持ってゆすり、確実に固定されていることを確認します。

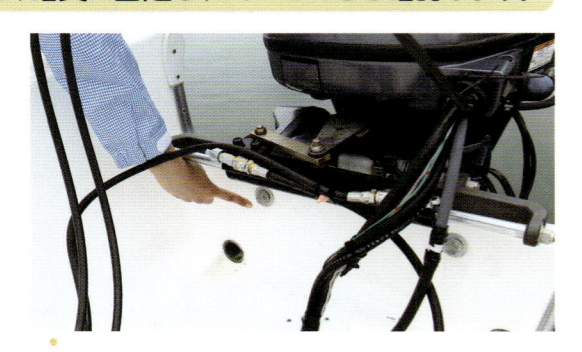

次ページへ続く

04 燃料油量

【要点】
● 航海に必要な燃料が十分搭載されていること を確認します。計器の示度を目視する、タン ク内の油量が確認できる場合は目視する等、 適切な方法により確認します。

 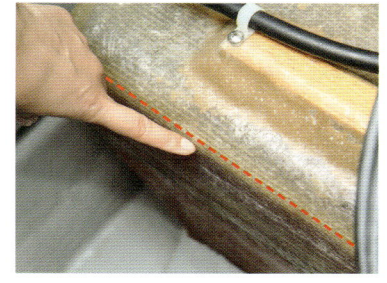

キースイッチを ON の位置に して、燃料油量を確認し、その 後 OFF の位置に戻します。

05 エアベントスクリュー

【要点】
● 携行タンクの場合、エアベントスクリュー（通気 口）が開いていることを手触により確認します。

次ページへ続く

06 燃料コック

【要点】
- ●燃料コックが開いていることを目視等により確認します。

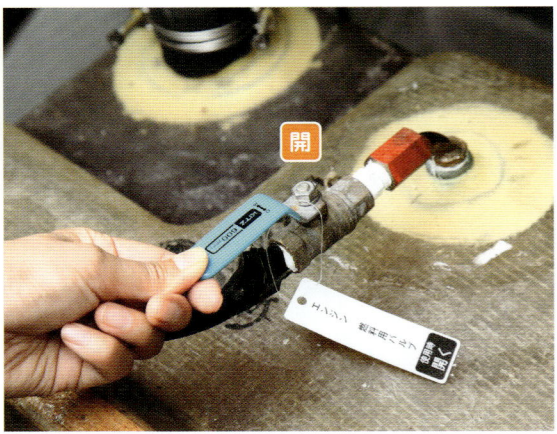

閉

開

07 燃料フィルター

【要点】
- ●フィルター内にゴミや水分が溜まっていないことを適切な位置から目視により確認します。船外機はフィルターが船体側とエンジン側の両方にある場合があります。

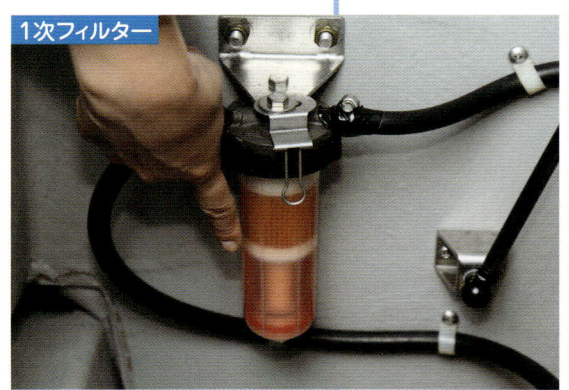

1次フィルター

2次フィルター

水がたまってフロートが上昇していないか点検します。

次ページへ続く

08 プライマリーポンプ

【要点】
●ポンプの矢印を上に向けて何度か握り、燃料が供給されて硬くなることを確認します。

09 燃料ホース・コネクター

【要点】
●燃料ホースコネクター（タンク側、エンジン側とも）が確実に接続されていることを手触により確認します。さらに、燃料ホース及びホースの接続部から燃料が漏れていないことを手触により確認します。

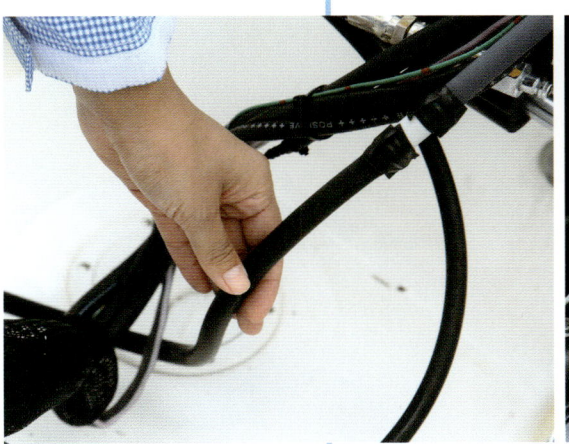 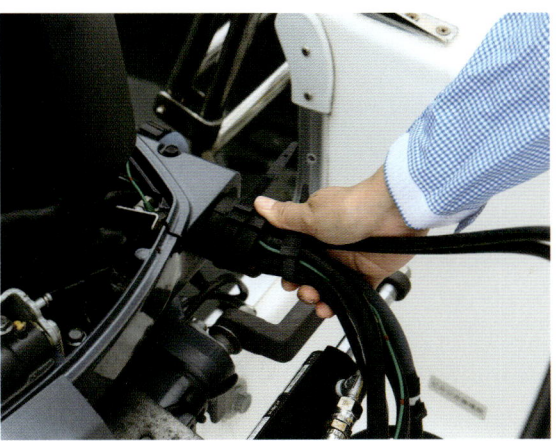

次ページへ続く

【要点】
● 本体の取付け、ターミナルの締付けに異常がないことを手触により確認します。さらに、バッテリー液が規定量満たされていることを側面からの目視により、目視できないものは注入口のキャップを開けて確認します。バッテリー液の補充が不要なメンテナンスフリーバッテリーはインジケーターで良好な状態であることを確認します。

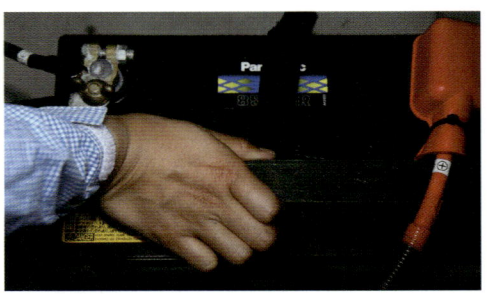

本体

ターミナル

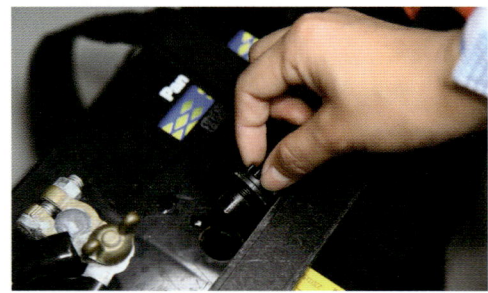

液量

インジケーター

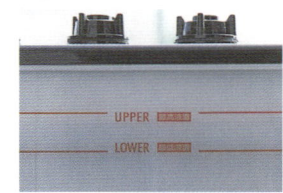

次ページへ続く

11　メインスイッチ・アクセサリースイッチ

【要点】
● それぞれオンになっていることを目視により確認します。

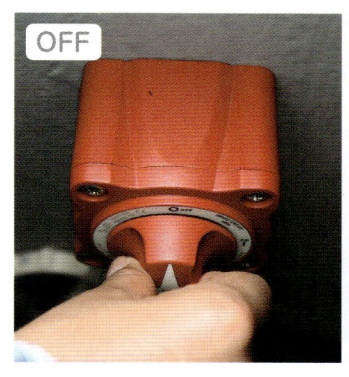
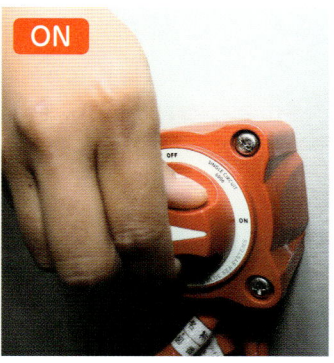

メインスイッチ

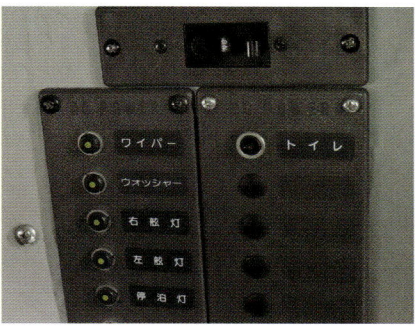

アクセサリースイッチ

12　緊急エンジン停止コード

【要点】
● 緊急エンジン停止コード、クリップ（ロックプレート）に損傷がないことを確認します。

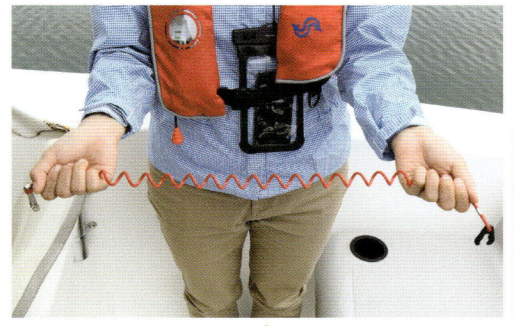
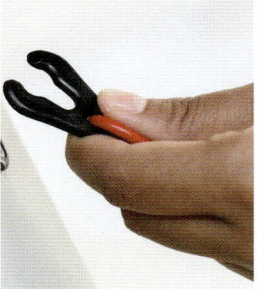

次ページへ続く

13 エンジンオイル

● オイルの量や色あるいは粘度といった状態を確認します。

船外機を下げた状態でオイルレベルゲージを抜き取りウエスで拭き取った後、適切な位置まで差し込んで再び抜き出します。

ゲージを目視して規定量（ゲージの上限と下限の間）のオイルが入っていること、異常な色でないことを確認します。

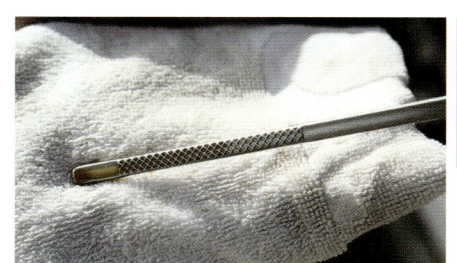 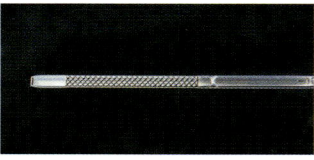

さらに、粘度が正常であること及び異物の混入が無いことを手触により確認します。

船外機の点検を終了します

参考 船外機の日常点検について

　近年、船外機のエンジンは、電子制御により自動車のエンジンのようにメンテナンスフリー化が進み、故障しにくくなっています。ただし、日常点検を怠れば故障につながるのはどんなエンジンでも同じです。発航前の点検に加え、定期的な点検も適切に行い、良好な状態を維持しましょう。

●発航前の点検で実施しない以下の項目についても日常から点検する習慣をつけましょう。

ハンドルのステアリングポンプのオイル量

油圧ステアリングのオイル量が適切か、オイルもれがないか点検します

釣り糸が絡んだシャフト

プロペラシャフトへの釣り糸の巻き込みがあるとオイルシールが傷み、ギアオイルが漏れることがあります

ステアリング・シリンダー

油圧ステアリングのシリンダー及びホースにオイルもれがないか点検します

レベルプラグ（上）
ギアオイルのドレンプラグ（下）

ギアオイルがもれていたら、原因を確かめてから交換します

パワートリムポンプ・シリンダー

油圧シリンダーのオイルもれがないか点検します

電装品

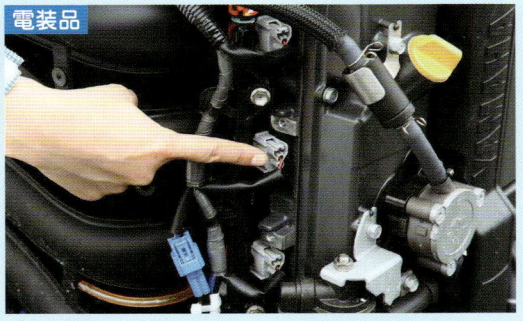

電気配線のゆるみや損傷がないか点検します

❸-B 船内外機

01 エンジンの点検を行います

02 ビルジ（船底に溜まった汚水）

【要点】
● エンジンルームに異常なビルジがないか確認します。

03 エンジンの取付け

【要点】
● エンジンが船体に確実に取り付けられているかを確認します。

次ページへ続く

04 Vベルト

【要点】
- 中間部分を押して張り具合を確認します。さらに、摩耗、ひび割れ等がないことを確認します。

05 燃料油量

【要点】
- キースイッチをオンにして航海に必要な燃料が十分搭載されていることを計器の示度により確認します。タンク内の油量が確認できる場合は目視で確認します。

キースイッチをONの位置にして、燃料油量を確認し、その後OFFの位置に戻します

次ページへ続く

06 燃料コック

【要点】
● コックが開いていることを目視により確認します。

07 燃料フィルター

【要点】
● フィルターにゴミや水分が溜まっていないことを目視により確認します。さらに、フィルターから燃料が漏れていないことを手触により確認します。

08 燃料系統

【要点】
● 燃料パイプ及びパイプの接続部から燃料が漏れていないことを手触により確認します。さらに、燃料ポンプサイトチューブに燃料が侵入していないことを目視により確認します。

燃料パイプ

燃料ポンプサイトチューブ

チューブ内に燃料がないことを点検します。

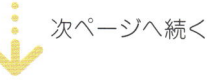

次ページへ続く

09 バッテリー

【要点】
● 本体の取付け、ターミナルの締付けに異常がないことを手触により確認します。さらに、バッテリー液が規定量満たされていることを側面からの目視により、目視できないものは注入口のキャップを開けて確認します。
● バッテリー液の補充が不要なメンテナンスフリーバッテリーはインジケーターで良好な状態であることを確認します。

本体

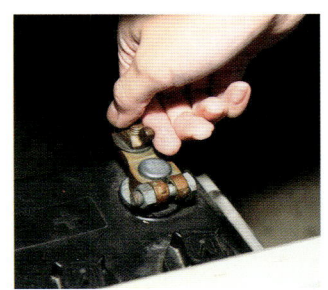
ターミナル

液量

インジケーター

10 メインスイッチ・アクセサリースイッチ

【要点】
● それぞれオンになっているか確認します。

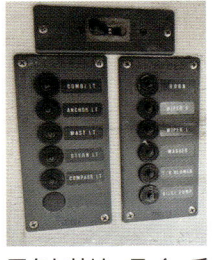
アクセサリースイッチ

次ページへ続く

11 電装品

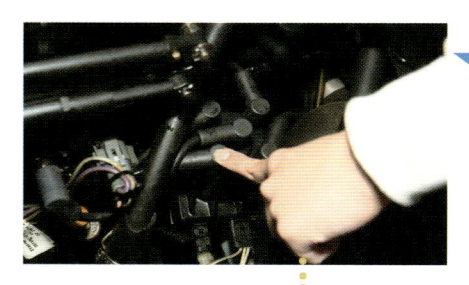

【要点】
● 電気配線の緩みや損傷、プラグキャップの緩みがないかを確認します。

12 エンジンオイル

【要点】
● オイルレベルゲージを抜き取りウエスで拭き取った後、適切な位置まで差し込んで再び抜き出し、ゲージを目視して規定量のオイルが入っていることを確認します。さらに、異常な色でないこと、粘度が正常であること及び異物の混入が無いことを手触により確認します。

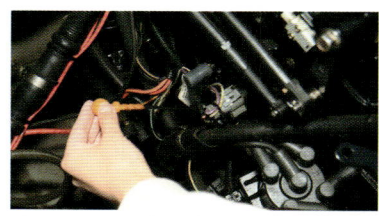

オイルレベルゲージを抜き出します。

ゲージ部分のオイルをウエスで拭き取った後、いっぱいに差し込み、再び抜き出します。

←先端に付着したオイルを指にとって、粘度や異物の混入を点検します。

→オイル量はゲージの上限と下限の間にあれば適正です。

13 ギアオイル

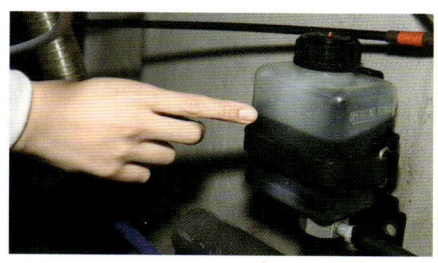

【要点】
● 規定量入っていることを適切な位置から目視により確認します。

次ページへ続く

14　パワーステアリングオイル

【要点】
●フィラーキャップ／オイルレベルゲージを抜き取り、ウエスで拭き取った後、再び差し込み、適量あるか確認します。

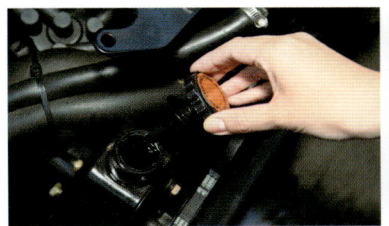

エンジンが暖まっているときは FULL HOT マークと ADD マークの間にあればよく、冷えているときは COLD マークとレベルゲージの下端との間にあれば適正です。

15　パワートリムポンプオイル

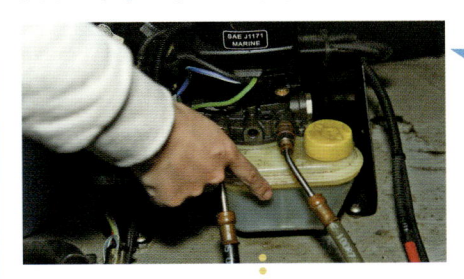

【要点】
●規定量入っていることを適切な位置から目視により確認します。

16　冷却清水（間接冷却式のみ）

リザーブタンクがあるものは、規定量入っていることを適切な位置から目視により確認します。

注意 リザーブタンクがないものは、機関が冷えている場合に限り、ラジエーターキャップを開けて目視により確認します。

エンジンの点検を終了します

❹法定備品 / 装備品 / 法定書類の点検

　法令によって義務付けられている備品や書類が搭載されているかどうかを確認します。法定備品以外の備品も含めて損傷や不具合、数量不足や有効期限切れがないかどうか点検し、いつでも使える状態にしておくとともに、使い方にも習熟しておきましょう。法定書類は備え付けていないと船舶を航行させることができませんので、確実に点検しましょう。

　ここでは沿海区域を航行区域とする一般船（旅客船、小型漁船、小型帆船を除く）のうち、二時間限定沿海小型船舶の法定備品及び法定書類について点検します。

> 〈限定沿海船舶〉
> 「二時間限定沿海小型船舶」とは、沿海区域を航行区域とする小型船舶であって、その航行区域が平水区域からその小型船舶の最強速力で2時間以内に往復できる水域に限定されるものをいう。
> 「沿岸小型船舶」とは、沿海区域を航行区域とする小型船舶であって、その航行区域が平水及び沿海区域に接する海岸から5海里以内の水域に限定されるものをいう。

次のような要領で行いましょう

❹-A 係船設備

01 係船ロープ（2本）

> 【要点】
> ●ロープに損傷がないことを目視あるいは手触にて確認します。

次ページへ続く

40

02 アンカー（1個）

【要点】
●アンカーに損傷や変形がないことを適切な位置から目視により確認します。

03 アンカーロープ（1本）

【要点】
●アンカーロープ（又はチェーン）に異常がないこと、コイルされすぐに使える状態にあることを手触により確認します。

次ページへ続く

❹-B 救命設備

04 ライフジャケット（定員と同数）

【要点】
●乗船者が着用する（している）ライフジャケット全てについて、型式承認を受けたものであることを確認します。また、損傷や反射材のはがれがないことを目視あるいは手触にて確認します。

※型式承認を受けたものしか搭載できません

05 ライフブイ（1個）

【要点】
●手に取って全体を目視し、損傷や反射材のはがれがないこと、型式承認を受けたものであることを確認します。

06 信号紅炎（1セット［2個］）

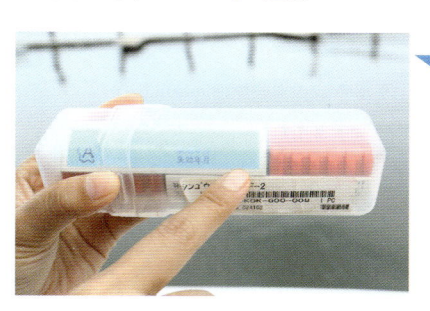

【要点】
●手に取って全体を目視し、個数と異常がないことを確認します。さらに、有効期限内であることを確認します。使用法をよく読んでおきましょう。

次ページへ続く

❹-C 消防設備

07　消火器（船外機 1 個、船内外機 2 個）

【要点】
- 適切な位置から有効期限及び異常の有無を目視により確認します。
- 赤バケツがあれば 1 個減じることができます。

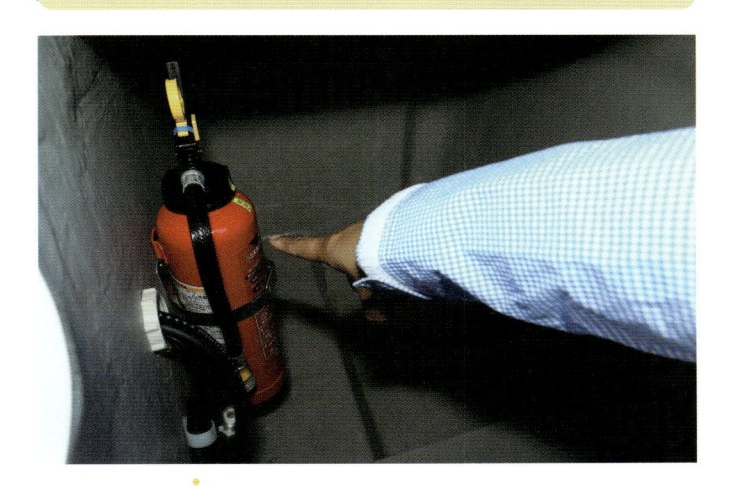

08　赤バケツ（1 個）

【要点】
- 手に取って全体を目視し、損傷がないことを確認します。

次ページへ続く

❹-D 排水設備

09 あかくみ及びバケツ（各1個）

【要点】
●手に取って全体を目視し、損傷がないことを確認します。ビルジポンプが備え付けてある場合は不要です。

10 ビルジポンプ（船内外機船）

【要点】
●エンジンルーム内に備え付けてあることを目視により確認します。港内で実際に作動させて排出する場合はバケツ等でその排水を受け、絶対に港内に排水を流さないようにします。

次ページへ続く

❹-E 法定書類

11　船舶検査証書

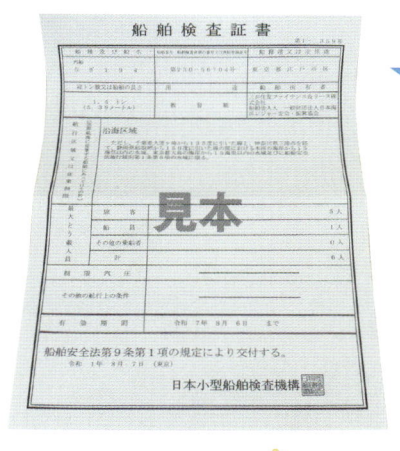

【要点】
● 有効期限を確認するとともに、船舶検査済票と照らし合わせて、その船のものであることを確認します。

12　船舶検査手帳

【要点】
● 船舶検査済票、次回検査時期指定票と照らし合わせて、その船のものであること、最新のものであることを確認します。

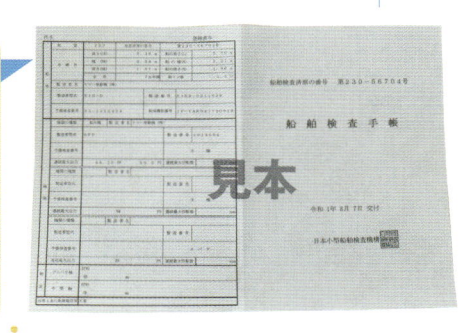

13　船舶検査済票・船舶番号

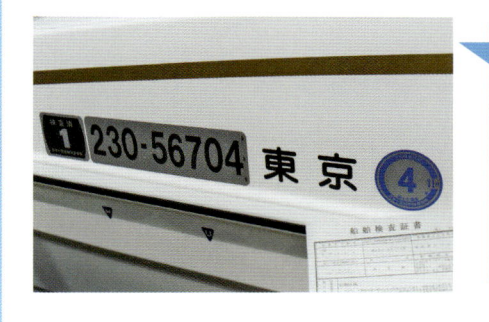

【要点】
● 両船側の船外から見やすい位置にはられ、損傷がないことを確認します。次回検査時期指定票についても同様に確認します。

法定備品 / 装備品 / 法定書類の点検を終了します

その他の備品や設備

1. その他の法定備品

船舶の大きさや航行する水域あるいは時間帯によって以下のものも搭載が義務付けられている場合があります。

工具

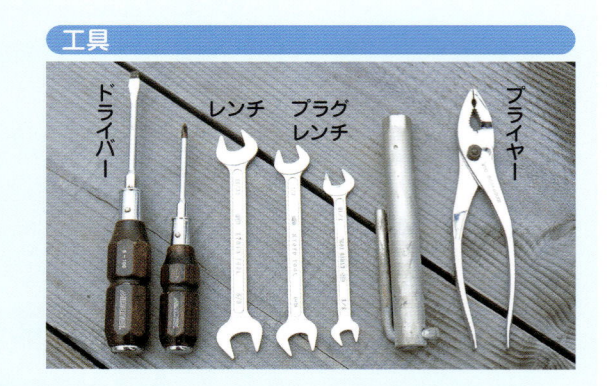

紅灯（2個）

黒球

レーダーリフレクター

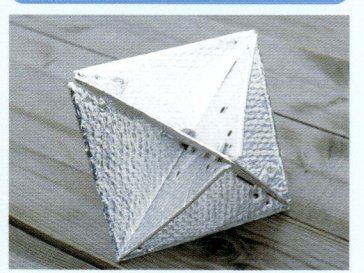

2. 沿岸小型船舶の法定備品

航行区域が沿岸区域の場合は、上記の備品に加え、以下の備品も搭載されているか確認しましょう。

火せん

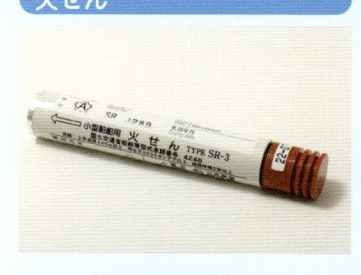

双眼鏡

ラジオ

海図

3. 表示

以下の項目を表示することが法令で義務付けられていますので、必ず確認しましょう。

最大搭載人員表示

救命胴衣「格納・着用」表示

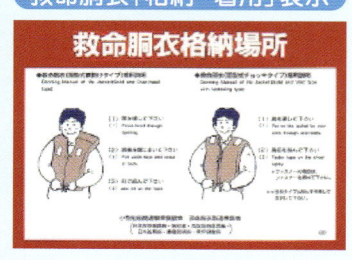

海上保安庁図誌利用第 250004 号

1-3　エンジンの運転・状態確認

　マリンエンジンは、陸上で使用されるエンジンに比べると厳しい条件で使用されるため、取扱いや整備によって寿命は大きく変わってきます。エンジンを良好な状態で長持ちさせるためにも、取扱説明書に従った正しい運転を心掛けましょう。

❶始動

正しい手順で始動するとともに、操縦装置の状態や冷却水の循環など始動後に必ず確認する事項を忘れないようにしましょう。

❶-A 船外機

次のような要領で行いましょう

01 エンジンを始動します

02 船外機本体

【要点】
- 冷却水取入口が水中にあるようチルトスイッチで完全に下げ（チルトダウン）、周囲にゴミがないことを確認します。

次ページへ続く

03 プライマリーポンプ

【要点】
- プライマリーポンプを握り、燃料が供給されていることを確認します。ポンプの矢印を上に向け、硬くなるまで握ったり離したりを繰り返します。

04 緊急エンジン停止スイッチ

【要点】
- 緊急エンジン停止コードとクリップの装着を確認します。船外に投げ出されるおそれがある船型の場合はライフジャケット等に一端を取り付けます。
- イグニッションキーをキーシリンダーに差し込みます。

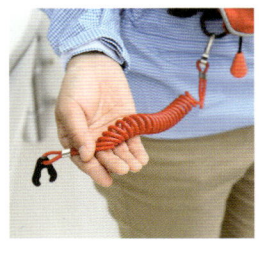  

05 シフト中立

【要点】
- リモコンレバーを前後に軽く揺すって中立を確認します。（中立になっていないとエンジンは始動しません）

次ページへ続く

06 イグニッションキー ON（オン）

【要点】
- イグニッションキーをONの位置まで回し、計器類が作動するのを確認します。
  さらにスタート位置まで回すとスターターモーターが回り、エンジンが始動します。
  始動したらキーから手を離すと ONの位置に戻ります。
- 緊急エンジン停止コードのクリップを装着しない状態でエンジンが掛からないことも確認します。
- スターターモーターは大きな電力を必要としますので、エンジンがすぐに始動しない場合は、連続して回さず、しばらく時間を置いてから再度始動します。

 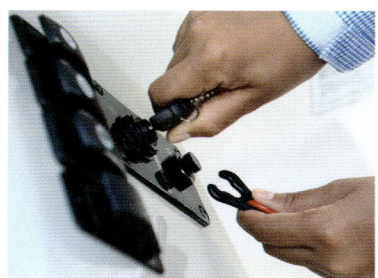

07 冷却水確認

【要点】
- 検水孔から冷却水が勢いよく排出されていることを確認します。あわせて異常な振動やエンジン音あるいは排気色がないかも確認します。

始動しました

❶-B 船内外機

次のような要領で行いましょう

01 エンジンを始動します

02 換気

【要点】
● ブロワースイッチを入れ、エンジンルーム内に溜まった気化ガスを換気します。

03 ドライブユニット

【要点】
● ドライブユニットが完全に下がり、冷却水取入口が水中にあって周囲にゴミがないことを確認します。

04 シフト中立

【要点】
● リモコンレバーを前後に軽く揺すって中立を確認します。

次ページへ続く

05 イグニッションキー ON（オン）

【要点】
● イグニッションキーをキーシリンダーに差し込みONの位置まで回し計器類が作動するのを確認します。
● さらにスタート位置まで回すとスターターモーターが回り、エンジンが始動します。
● 始動したらキーから手を離すとONの位置に戻ります。
● スターターモーターは大きな電力を必要としますので、エンジンがすぐに始動しない場合は、連続して回さず、しばらく時間を置いてから再度始動します。

06 状態確認

【要点】
● 異常な振動やエンジン音あるいは排気色がないかを確認します。

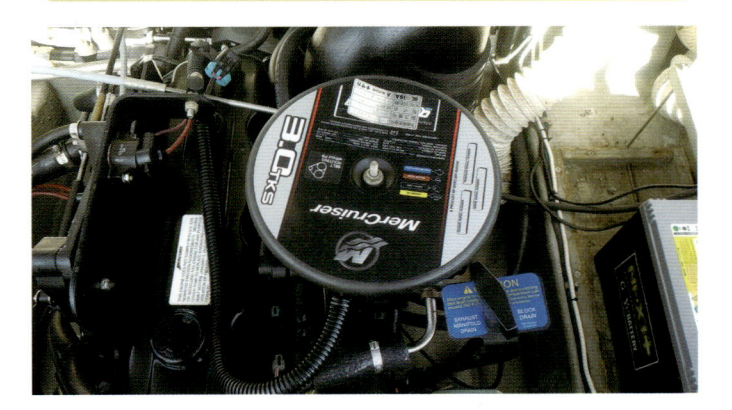

始動しました

❷暖機

　エンジンが暖まっていないうちに負荷をかける運転を繰り返していると、エンジンの寿命が短くなったり故障の原因になったりします。エンジンを始動させたら、十分に暖機運転を行いましょう。

次のような要領で行いましょう

01 暖機運転を行います

02 クラッチリリース

【要点】
●リリースボタンを押し込み、クラッチを切り離してリモコンレバーを倒します。アイドリングより少し高い回転数（取扱説明書参照）で数分間暖機運転をします。

03 暖機運転を終了します

【要点】
●（水温計などを目安に）十分暖まったら、リモコンレバーを中立にしてアイドリング状態にし、エンジンの回転が安定していることを確認して暖機運転を終了します。

電子制御のエンジンは、エンジンを始動すると自動的に回転数を上げて暖機する機能があります。（ファーストアイドル）

次ページへ続く

❸状態確認

　最近の船外機は電子制御化が進み、船外機からの様々な情報を同一のメーターに表示するシステムが幅広く使われています。また、異常を感知すると自動的にエンジンの回転数を下げたりしてトラブルを回避するものもありますが、警報装置だけに頼ることなく、エンジン音や振動、冷却水の量や排気の色、臭い等にも注意を払い、五感を使って異常箇所の早期発見に努めましょう。

❸-A 始動後の状態確認

次のような要領で行いましょう

ハンドルとリモコンレバーの確認は、必ずエンジンが掛かっている状態で確認します。

01 エンジン、ドライブ周り

【要点】
●暖機が終わった頃に、エンジン各部からオイル、燃料等の漏れはないか、ドライブ周りに油が浮かんでいないかを確認します。

次ページへ続く

02 ハンドル

【要点】
● ハンドルを左右いっぱいに動かしてみて、ロックトゥロック（右いっぱいから左いっぱいまで切ったときのハンドルの回転数）がどのくらいか、重さ、ガタはないか、スムーズに動くかを確認します。あわせて連動する船外機あるいは船内外機のドライブユニットの動きも確認します。

03 リモコンレバー

【要点】
● シフト機構をチェックするために、確実に係留されていることを確認した後、リモコンレバーを操作して前進、中立、後進に短時間シフトし、スムーズにシフトするか、ガタはないかを確認します。

❸-B 計器類

次のような要領で行いましょう

　エンジンが掛かっている間は、計器類の示度に常に注意しましょう。エンジンの作動具合、燃料の残量を常に監視し、正常に作動していることを確認します。

　デジタルメーターは、各計器の情報を表示しますが、適正値から外れると、該当部分のアイコン（絵文字）が点滅したり、警告音が鳴ったりして異常を知らせます。

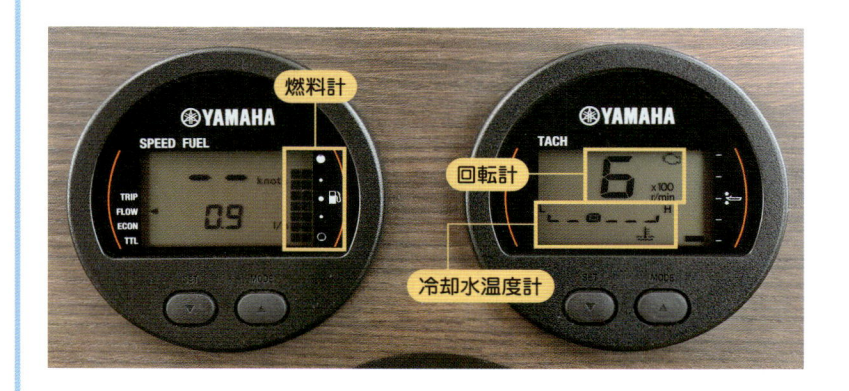

01 回転計

【要点】
- ●回転計はエンジンの毎分の回転数を示します。
- ●回転計の示度を確認します。指針が安定せずぶれるような場合は、燃料が正常に供給されていないことや、正常に点火していないことが考えられます。

次ページへ続く

02 冷却水温度計

【要点】
- ●冷却水温度計は、エンジン内を循環する冷却水の温度を示します。
- ●指針が適温を示しているか確認します。指針が適温を超えている場合はエンジンが過熱状態（オーバーヒート）にあることを示しています。原因としては、冷却水が正常に循環していないことや潤滑油の不足が考えられます。

 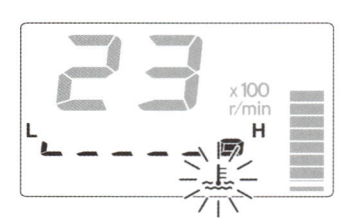

03 電圧計

【要点】
- ●電圧計は、バッテリーの電圧を示します。
- ●指針が適正な値を示しているか確認します。指針が搭載しているバッテリーの電圧を下回っている場合は、バッテリーや発電機、あるいは電装品の異常が考えられます。

次ページへ続く

04　電流計

【要点】
- 電流計は、バッテリーの充電や放電の状態を示します。
- プラス側（充電中）を示しているか確認します。指針がマイナス側（放電中）を示す場合は、正常に発電していないか、充電が行われていないことが考えられます。

05　油圧計

【要点】
- 油圧計は、エンジン運転中のエンジンオイルの循環圧力を示します。
- 指針が適正な値を示しているか確認します。指針が異常な値を示したときは、エンジンオイルの量や粘度が正常でないことが考えられます。

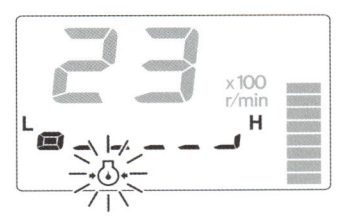

06　燃料計

【要点】
- 燃料計は、燃料タンク内の残量を示します。
- 指針が航海に十分な量を指していることを確認します。指針の動きと残量の関係をよく把握しておきましょう。

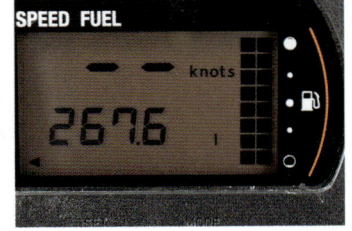

［補足］トラブルシューティング

小型船舶で故障が発生した場合は、落ち着いて系統を追いながら原因を探り処置を行いましょう。
ここでは、小型船舶で発生することが多いトラブルについて、その処置と対応について
簡単に示します。状況によっては専門家に修理や処置を依頼しましょう。
トラブルが発生したときは無理に使用しないで早めに手当てするように心掛けましょう。

スターターモーターが動かない場合

モーターを動かす電気が来ていないことが考えられるので、
まず電気系統を確認します

	原　因	対　策
A	メインスイッチがオフになっている。	メインスイッチをオンにする。
B	バッテリーのケーブルが外れているかターミナルが緩んでいる。	ケーブルを接続するかターミナルを締めつける。
C	バッテリーの容量が低下しているか状態が良くない。	バッテリーを充電するか充電しても容量が上がらないようなら交換する。
D	リモコンレバーが中立になっていない。	リモコンレバーを中立にする。
E	緊急エンジン停止スイッチにクリップが差し込まれていない（※）。	クリップを差し込む（一度抜いてもう一度差し込む）。
F	スターターモーターの配線が緩んでいるか腐食している。	配線を締めるか清掃あるいは交換する。
G	サーキットブレーカーが働いているかヒューズが切れている。	過大電流が流れた原因を突き止めてからブレーカーをリセットするかヒューズを交換する。

※ E：緊急エンジン停止スイッチにクリップが差し込まれていなくてもスターターモーターが動く仕様の
エンジンもあります。どちらのタイプなのか取扱説明書などで確認しておきましょう。

スターターモーターは動くが エンジンがかからない場合

モーターは動くので、まず燃料系統を確認します

	原　因	対　策
A	燃料タンクが空である。	燃料を入れる。
B	燃料コックやエアベントスクリューが閉じている。	燃料コックを開ける。携行タンクのエアベントスクリューを開ける。
C	燃料フィルターが詰まっている。	燃料フィルターを掃除するか交換する。
D	燃料が送り込まれていない。	プライマリーポンプを作動させるか燃料ポンプの状態(サイトチューブ)を確認する。
E	燃料パイプ・ホースに異常がある。	パイプ類に亀裂がないかコネクターが適正に接続されているかを確認する。
F	緊急エンジン停止スイッチにクリップが差し込まれていない(※)。	クリップを差し込む(一度抜いてもう一度差し込む)。
G	点火装置に異常がある。	点火装置や配線の故障や緩みを確認する。

※ **F**：緊急エンジン停止スイッチにクリップが差し込まれていないとスターターモーターが動かない仕様のエンジンもあります。どちらのタイプなのか取扱説明書などで確認しておきましょう。

オーバーヒートする場合

エンジンが冷却されていないので、冷却水系統やエンジンオイルを確認します

原　因	対　策
A　冷却水取入口が詰まっている。	詰まりの原因を取り除く。
B　海水ポンプのゴムインペラが摩耗、破損している。	インペラを交換する。
C　冷却水循環ポンプのVベルトが緩んでいる。	Vベルトを調整するか交換する。
D　キングストンバルブが閉まっている。	キングストンバルブを開ける。
E　海水フィルターが詰まっている。	海水フィルターを掃除する。
F　冷却清水の量が不足している。（間接冷却式）	冷却水を補充する。
G　熱交換器が詰まっている。（間接冷却式）	熱交換器を掃除する。
H　エンジンオイルが不足している。	エンジンオイルを補充する。
I　エンジンオイルに水が混入している。	エンジンオイルを交換する。
J　過負荷運転になっている。	エンジンの回転数を下げる。

速力が上がらない場合

様々な要因が考えられますが、ひとつひとつ原因をつぶしていきます

原　因		対　策
A	燃料フィルターが詰まっている。	燃料フィルターを掃除するか交換する。
B	プロペラに海藻などが絡んでいる。	絡んだものを取り除く。
C	プロペラのピッチが合っていない。	適切なものに交換する。
D	プロペラが損傷している。	プロペラを補修するか交換する。
E	海藻等が付着して船底が汚れている。	船底を掃除する。
F	ボート内の重量配分が偏っている。	重量物を降ろすか、均等に配備する。
G	チルト角度がよくない。	船外機、ドライブユニットを調整する。

❹冷機・停止

　高速運転を続けた直後、急にエンジンを停止させると、急激な温度上昇によってエンジンに負担が掛かり、故障の原因となります。冷機運転を十分に行ってから停止するようにしましょう。

次のような要領で行いましょう

01 エンジンを停止します

02 シフト中立

> 【要点】
> ●エンジンを停止する前にリモコンレバーを中立の位置にしてアイドリング状態にします。

03 冷機運転

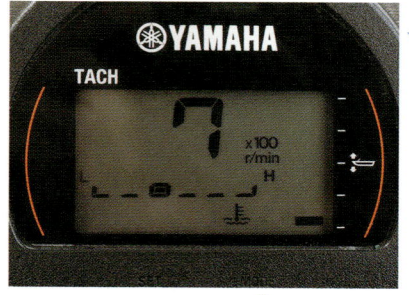

> 【要点】
> ●長時間高速運転をした後は、3〜5分程度アイドリング状態でエンジンの温度が下がるまで冷機運転をします。

次ページへ続く

04 イグニッションキーOFF（オフ）

【要点】
● イグニッションキーをOFFの位置に戻してエンジンを停止します。

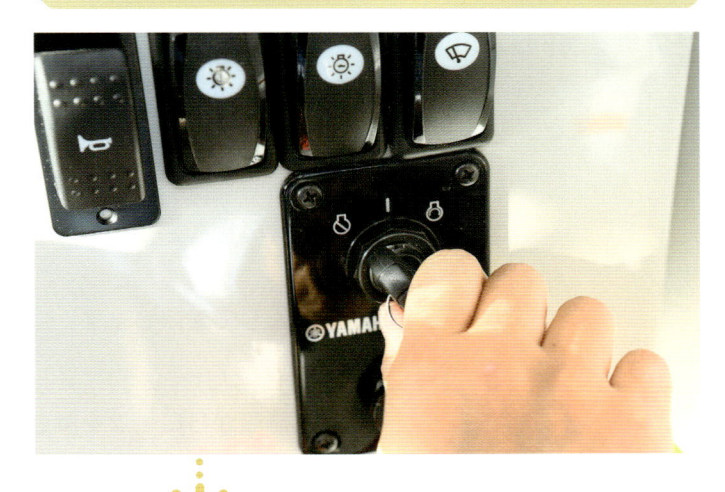

05 緊急エンジン停止スイッチ

【要点】
● エンジンを始動したときは、一度緊急エンジン停止コードを引き抜いてエンジンが停止すること（緊急エンジン停止スイッチが正常に作動すること）を確認しておきます。

停止しました

第2課 解らん・係留

2-1 解らん

　解らんは、必ずエンジンを始動してから行います。解らんした瞬間から船は外力の影響を受けて動きますので、素早く離岸に移りましょう。

次のような要領で行いましょう

01 解らんして離岸します

02 係船施設からロープを解きます

【要点】
● 通常、外力が弱いときは、船首を先に解き、次に船尾を解きます。スプリングを取っている場合は先にスプリングを外します。フェンダーも離岸作業に利用しないなら外して船内に入れます。

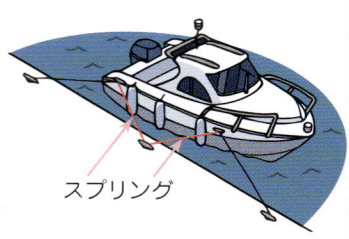
スプリング

[外力の影響がある場合]
● 外力を考慮します

風や流れなどの外力の影響が強いときは風や流れの下側から解らんします。

① ②

風・潮流

次ページへ続く

出港するために係船ロープを解き船内に格納して整理する解らん作業、
入港して着岸した桟橋などに係船ロープで船をつなぎ止める係留作業とも、
乗り降りするときに落水等の危険がありますので、しっかりと安全を確保して行いましょう。

03 乗船します

【要点】
● 3点支持（四肢のうち3つが必ず船体か陸上を保持している状態）を意識して素早く乗り込みます。両手に係船ロープを持ったまま乗り込むのは危険なので、船体を保持したまま先にロープを船内に入れてから自身が乗り込むか、船尾側だけ持って乗り込むほうが安全です。

04 離岸します

離岸後、解いた係船ロープや外したフェンダーは、航海中の邪魔にならないようにきれいに格納しておきます

【要点】
● 乗船したら取り込んだロープ、フェンダーが船外に落ちないようにしておき、素早く離岸します。船体を桟橋や岸壁から突き放し、接触を防ぎます。

着岸前には、あらかじめ係留の準備をしておきます。着岸してからあわててボートフックを探したり係船ロープを格納場所から取り出したりすることがないようにしましょう。

次のような要領で行いましょう

01　着岸して係留します

02　係留準備をします

【要点】
● 桟橋に着く前の広い水域で着岸舷にフェンダーを下げ、係船ロープを用意します。着岸姿勢を考慮し、ボートフックも用意しておきます。

03　ロープを持って下船します

【要点】
● 着岸したら、ロープを手に持ち、3点支持を意識して静かに下船します。船と桟橋の間が開いているときは飛び降りたりせず、ボートフックで引き寄せてから下船します。
● 風や流れが強いときは、着岸してもすぐに岸から離れてしまう場合もあるので、素早く行うことが大切です。

次ページへ続く

04 係船設備にロープを結びます

【要点】
- 通常、外力が弱いときは、船尾を先に係留し、船首ロープは船体と桟橋の間隔を考慮しながら長さを調整して係留します。
- 係船施設に適した結び方で係留します。

次ページへ続く

05 係船ロープの長さを調整します

【要点】
●船首、船尾とも係留したら船体を沖側に押し、船体と桟橋が平行に離れることを確認します。斜めになるようなら再度長さを調整します。

06 余った末端を処理します

【要点】
●係留が終わったら、余ったロープの末端をきれいにコイルしておきます。

［外力の影響がある場合］

● 外力を考慮します

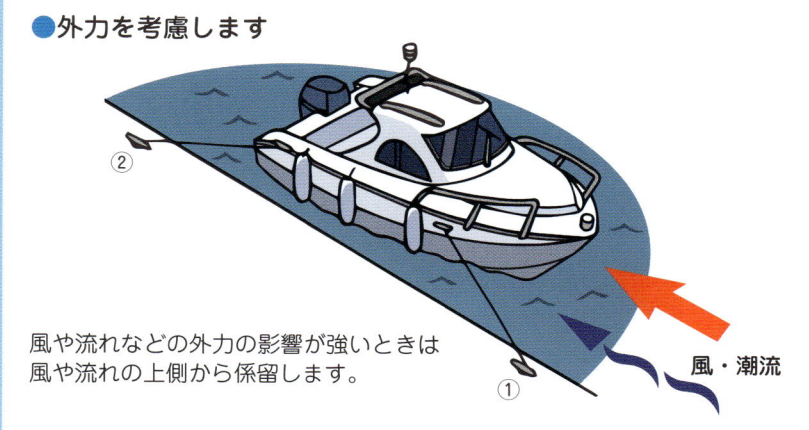

風や流れなどの外力の影響が強いときは
風や流れの上側から係留します。

風・潮流

● 潮位を考慮します

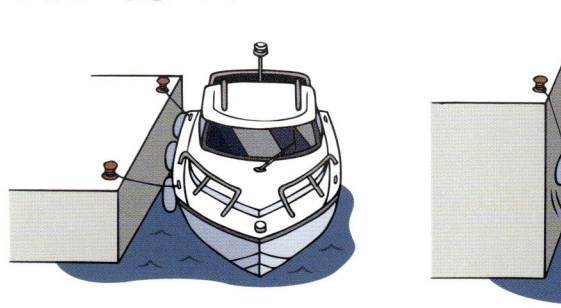

浮桟橋以外で干満差の大きいところでは、干潮時に宙吊りになって船が傾
かないよう潮位の変化を考慮してロープの長さを調整します。

● ロープを保護します

係船ロープが桟橋や岸壁に直接触れる部分には、ビニールホースや布きれ
を巻いてロープを保護する「擦れ当て」をしておきます。

結索

3-1 ロープの取扱い

　ロープには様々な種類がありますが、その材質や編み方などによる特性をよく理解して使用することが大切です。使用方法や取扱いが適切でないと必要な強度が保てなくなる点に注意しましょう。

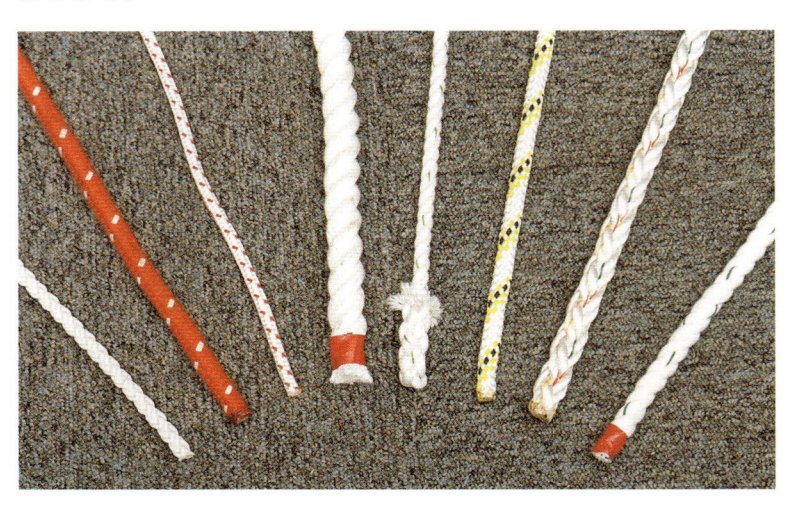

① 使用前に損傷やキンク（ねじれ）が無いかどうかを調べます。力の掛かるところに使用する場合は、そこから切断する危険があるので、特に注意が必要です。

② 使用後は汚れや塩分を落とし、乾燥させて保管します。長いロープはいつでも使えるようにきれいにコイルしておきます。

③ 船体や桟橋などと擦れる部分は、傷ついて切れやすくなりますので、布やホースなどの擦れ当てをして損傷を防ぎます。

④ 端部はほつれないような処理をしておきます。

① 　　　　② 　　　　③ 　　　　④

ロープを結んだり、つないだりすることを結索（ロープワーク）といいます。
ロープワークは船を桟橋に係留したり、他船をえい航したりと船舶の運用のあらゆる場面で
欠かすことができません。素早く正確な結びができるように何度も練習しましょう。

3-2 結びの種類

様々な結索の方法がありますが、用途に適した結びを行うことが大切です。結索を行うときは次のことに注意しましょう。

❶ ロープの端を出しておく

結び終わったロープの先端はある程度出しておきましょう。短すぎると先端が抜けて結びが解けやすくなり、逆に長すぎるとほどきにくくなります。

❷ 十分に引き締める

結びが終了したら、十分にロープを引き締めておきましょう。正しく結んでもよく締めないと緩んで解けてしまうことがあります。

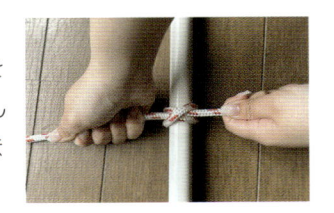

COLUMN

結びの呼称

ノット：knot	ヒッチ：hitch	ベンド：bend

結索には様々な種類があります。その呼称は、日本語だと皆「○○結び」になってしまいますが、英語表記だと、ノット（一端でこぶや輪を作る結び）、ヒッチ（一端を何かに巻きつけたり縛りつけたりする結び）、ベンド（両端又はロープどうしを結ぶ）に大別できます。呼称がその状態を表していてわかりやすいですね。

❶もやい結び（ボーラインノット）

ロープの端に輪を作る結びです。使用頻度の高い結び方で、文字通り船を艪う（係留する）ときや、ロープどうしをつなぐときに使用します。ロープに力がかかっても輪の大きさは変わらず、解くときは簡単に解くことができます。結び目を手前で作る方法と反対側に作る方法の両方ができるようになりましょう。

もやい結びの手順 1 ｜ 結び目が手前

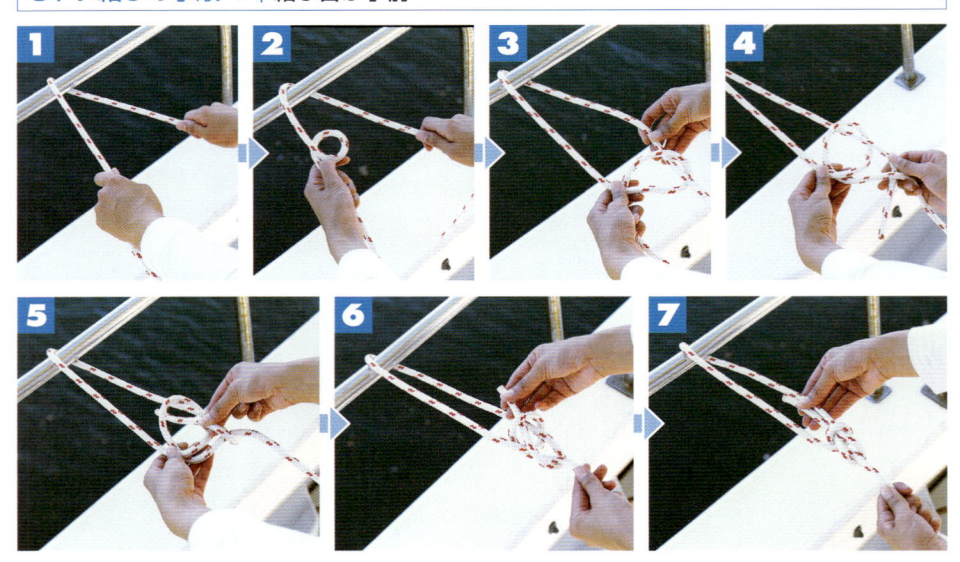

もやい結びの手順 2 ｜ 結び目が反対側

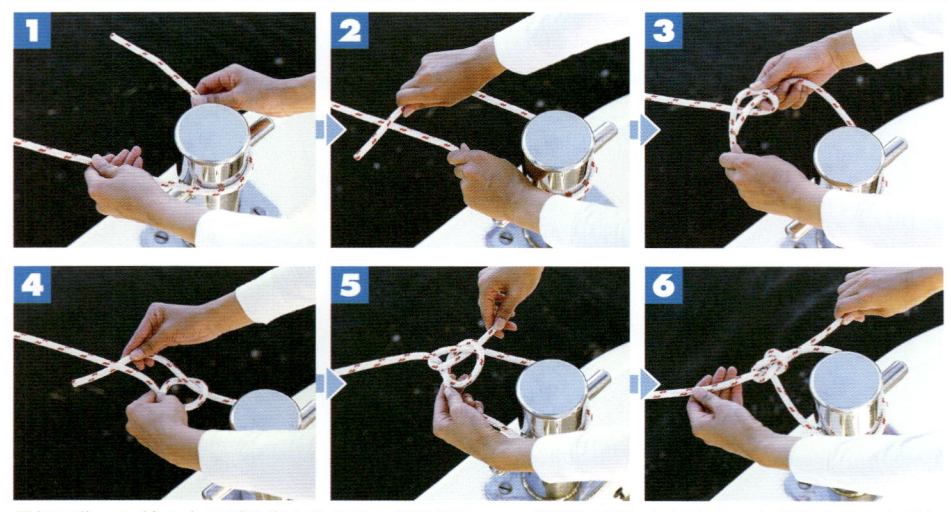

最初に作った輪の中に手や指を入れると風や波でロープが強く引かれたときにケガをすることがあるので注意しましょう。

❷巻き結び（クラブヒッチ）

ロープを杭やビットに一時的に止めるときや、コイルした長いロープの端を処理する場合などに使用します。一端が開放したビットなどの縦棒に結ぶ方法とハンドレールなどの横棒に結ぶ方法の両方ができるようになりましょう。

巻き結びの手順 1｜縦棒

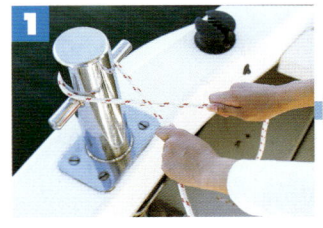 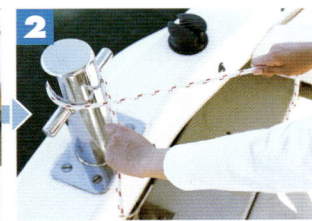 

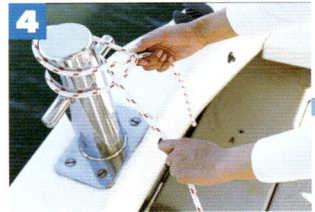 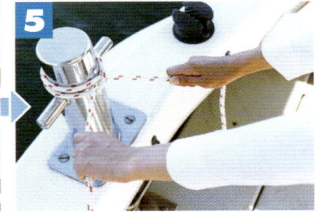

巻き結びの手順 2｜横棒

 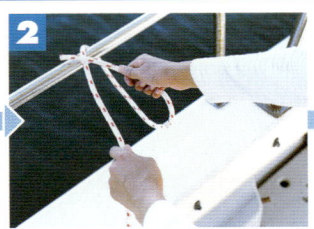 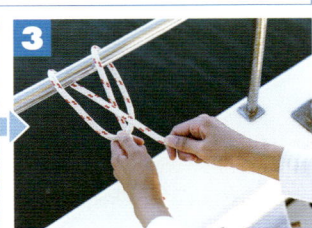

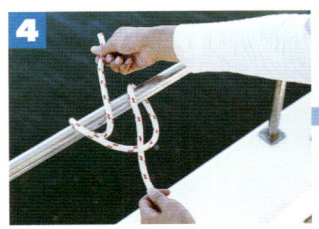 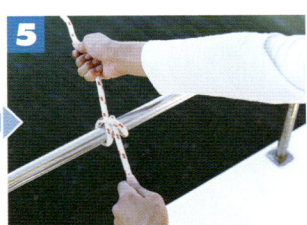

ロープに強い力が加わった場合、締まりすぎて解けなくなることがあるので注意が必要です。末端を折り返しておくと、比較的簡単にほどくことができます。

❸いかり結び（フィッシャーマンズベンド、アンカーベンド）

アンカーにロープを結ぶときに使用します。丈夫で強い力がロープに加わっても結び目の大きさが変わりません。末端は雑索で縛るか、もやい結びを作って止めておきます。

いかり結びの手順

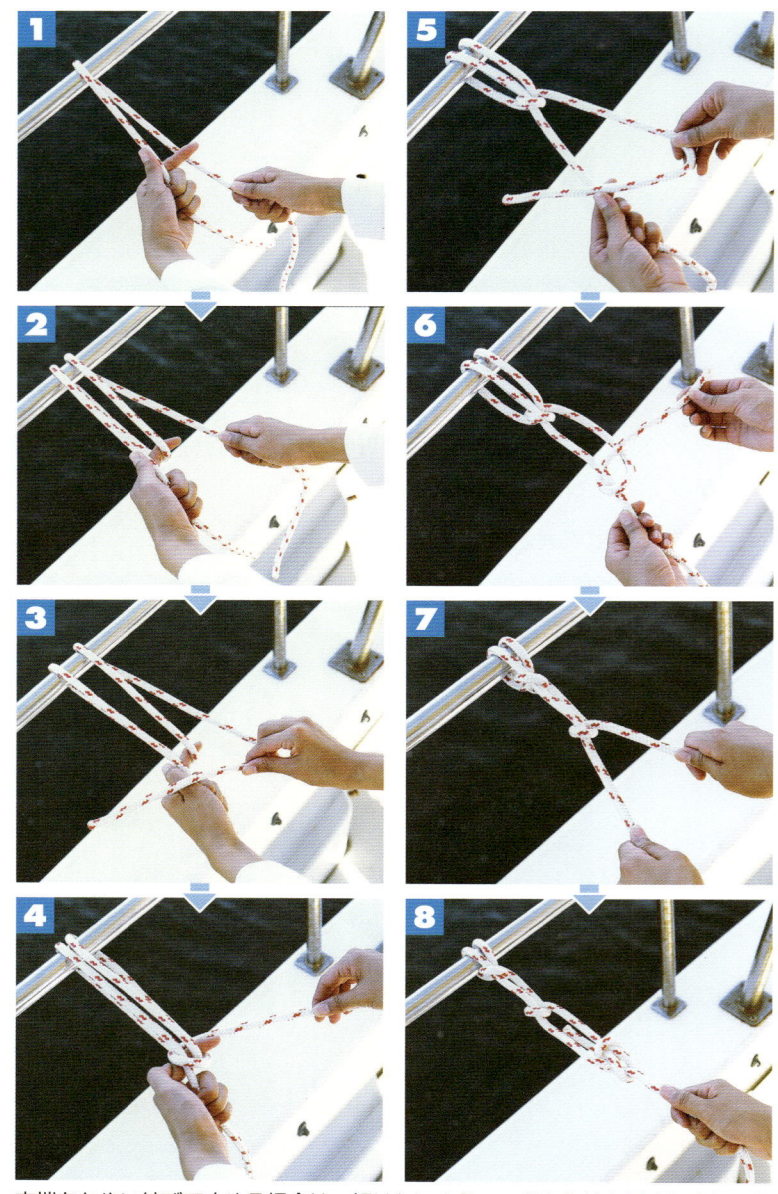

末端をもやい結びで止める場合は、解けないようエンドを心持ち長めに出しておきます。

❹ 一重つなぎ(シングルシートベンド)・二重つなぎ(ダブルシートベンド)

2本のロープをつなぐときに使用します。一方のロープを折り曲げて使用するため端と端でなくても使用できます。一重つなぎでは解けるおそれのある場合は二重つなぎにします。

| 一重つなぎの手順 | 二重つなぎの手順 |

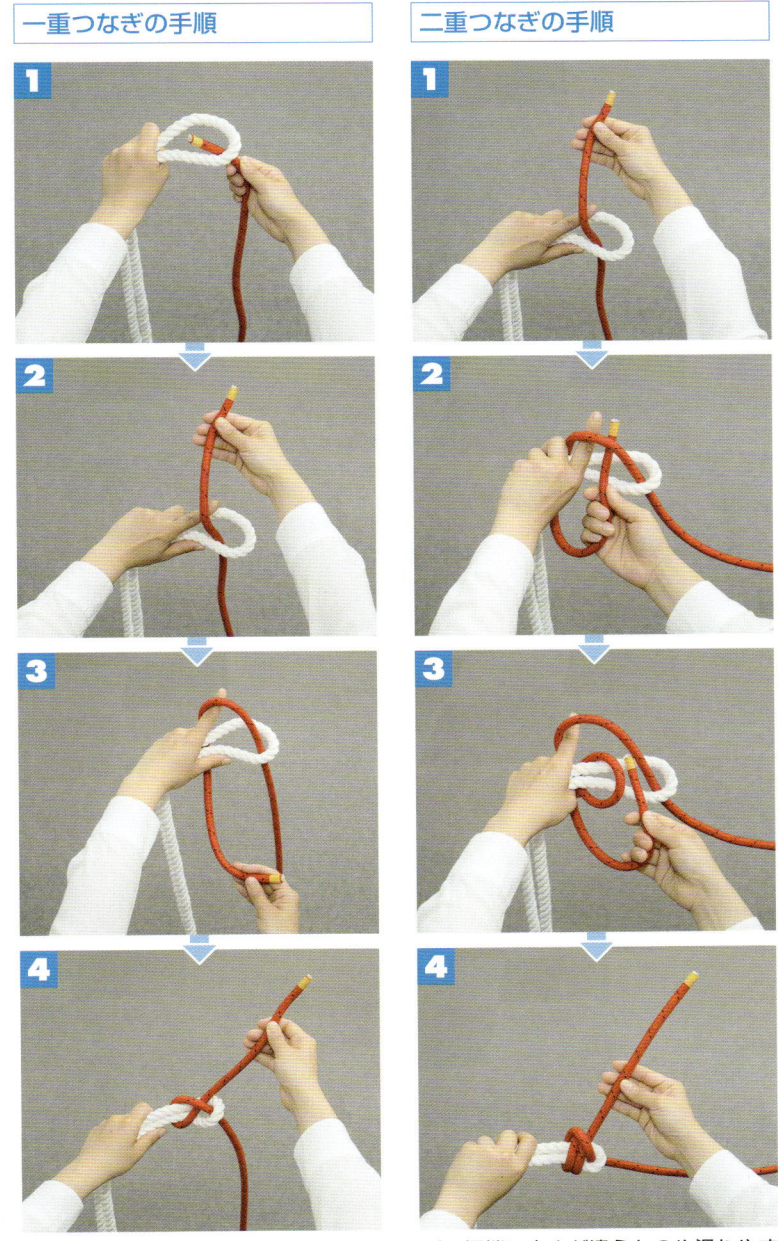

※太さの違うロープをつなぐのに適しますが、極端に太さが違うものや滑りやすいロープには適しません。太さが違う場合は、太い方で輪を作り、そこに細いロープを通します。

❺クリート止め（クリートヒッチ）

ロープをクリートに止めるときに使用します。クリートにロープを巻きつけるだけでも止まりますが、ほどけないようにロープの末端を反転させておきます。

クリートに止める手順

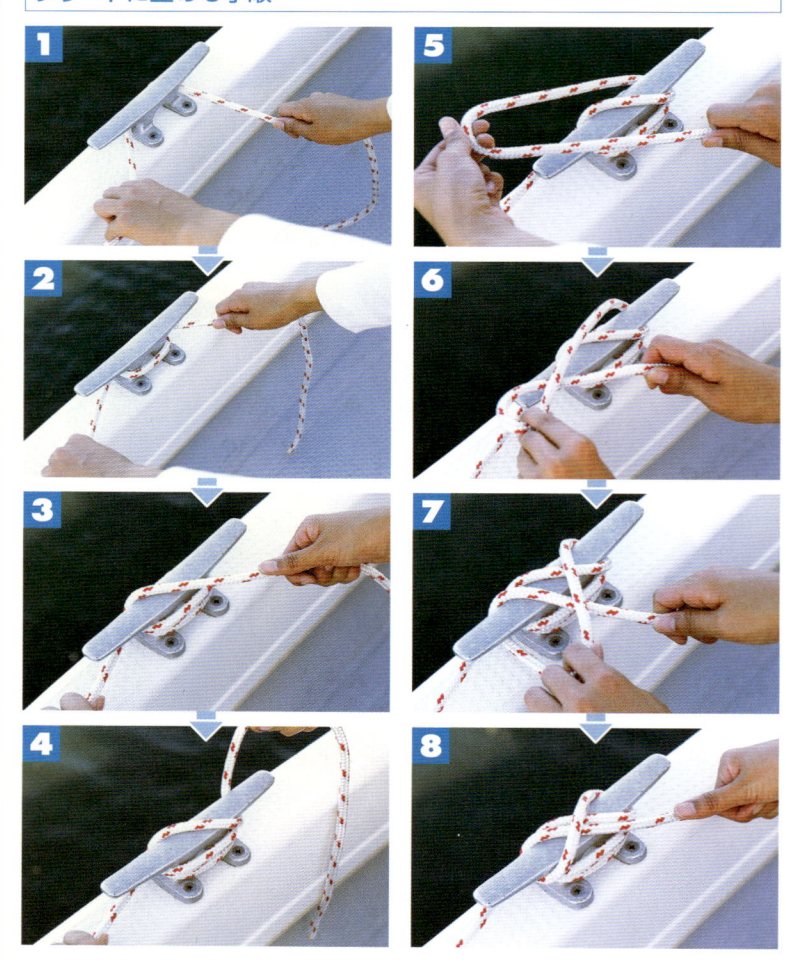

※最後にロープを反転する方向に注意しましょう。

正しいクリート止め ─────

間違ったクリート止め ─────

❻本結び（スクエアノット／リーフノット）

同じ太さ、同じ材質のロープの端と端をつなぐときに適した結び方です。固く締まった場合は一方のエンドを逆側に強く引くことで解きやすくなります。

本結びの手順

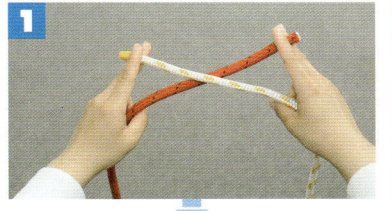

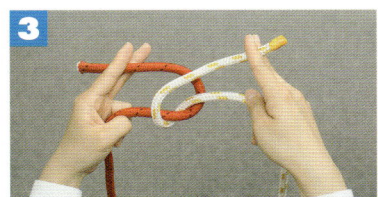

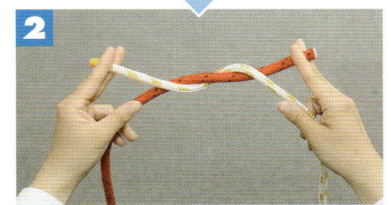

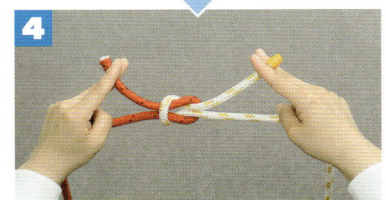

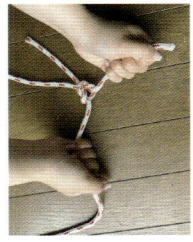

固く締まった場合の解き方

※太さが異なったり滑りやすいロープの場合は、強い力がロープに掛かると解けるおそれがあります。

❼8の字結び（フィギュア・オブ・エイトノット）

ロープを8の字に結んだもので、小穴やテークルにロープを通した場合に抜けるのを防いだり、ロープの滑り止めの手がかりや端がほつれるのを防いだりするときに使用します。結びが締まっても比較的簡単に解けます。

8の字結びの手順

❽止め結び（オーバーハンドノット）

もっとも単純で簡単な結びで、用途は8の字結びと同じです。結節は小さいのですが、結びが締まると解きにくくなります。

❾ひと結び（ハーフヒッチ）・ふた結び（ツーハーフヒッチ）

ロープの端を一時的に何かに結び付けるときに使います。すぐにほどけるので単体で使うことは少なく、他の結びと併用します。ひと結びを繰り返すとふた結びになります。

ひと結びの手順

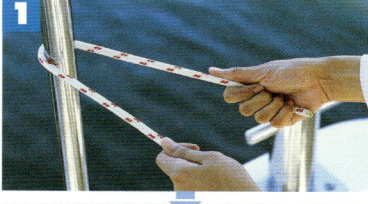 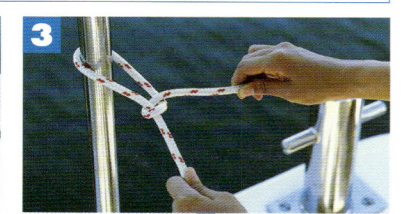
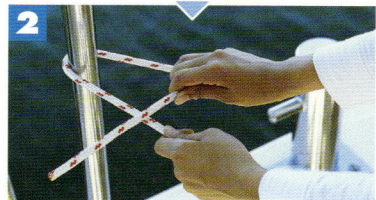 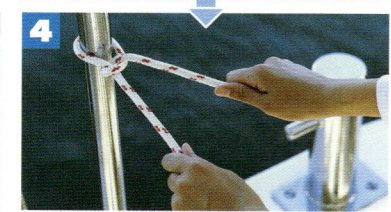

ふた結びの手順

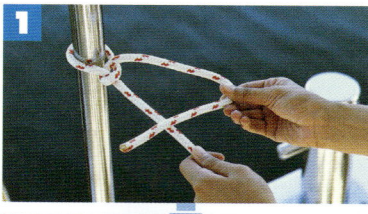 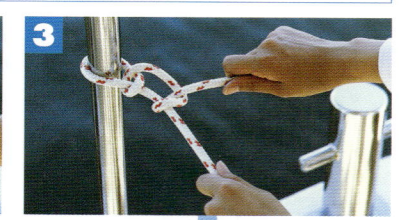
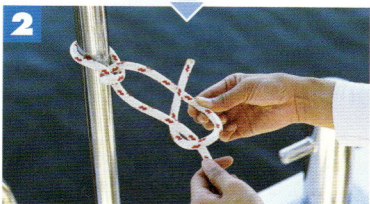 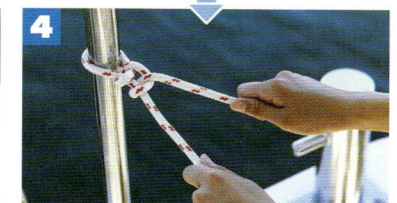

3-3 ロープエンド（末端）の処理

ロープを切断したときには、切り口をそのままにしておくとほつれてきてしまいますので、端止めと呼ばれる末端の処理をしておきましょう。

① 化学繊維のロープ

ナイロンやビニロンなどの化学繊維のロープは、ライターなどで末端を溶かして焼き固めることができます。

② 細索で縛る（ホイッピング）

細いひもで巻いて止めておくこともできます。細いひもをロープの中に通しておくと抜けにくくなります。

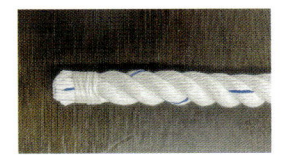

③ 三つ打ちロープ

3本の細いロープをより合わせた三つ打ちロープは、「バックスプライス」でエンドを編み込みます。

[バックスプライス]

 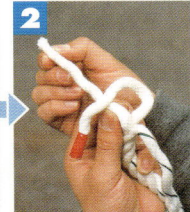 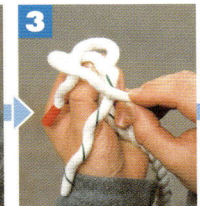 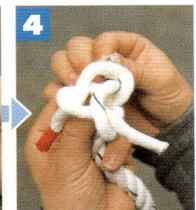

 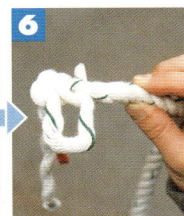  

④ その他

工業用の熱収縮チューブに差し込んでおく方法もあります。ビニールテープで巻いておくこともできますが、はがれてきますので長時間の使用には不向きです。

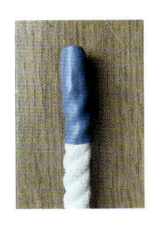

第4課 方位測定

　　ここではハンドコンパスを使用しての方位測定について説明します。グリップのあるプリズム付き、プリズムなし、手のひらに乗せるタイプなどがありますが、どのコンパスでも測定の要領は変わりません。

［方位測定のチェックポイント］
① 必ず船上で実施すること
② 船位を求めるための測定なので、すばやく読み取ること

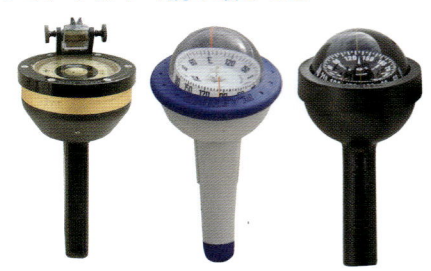

次のような要領で行いましょう

01 目標を測定します

【要点】
● ハンドコンパスを使用します。

02 コンパスを目標に向けます

【要点】
● グリップを握り、目標に正対して、コンパスカードが水平になるように構えます。腕をできるだけ伸ばすと測定誤差が少なくなります。

目標

次ページへ続く

2つ以上の物標の方位を測定して、その方位を海図上に記入すれば船位を求めることができます。
コンパスの正しい使い方を身に付け、迅速に正確な方位測定ができるようにしましょう。

03　コンパスを調整します

【要点】
- コンパスカードが水平になったら、プリズム式はコンパス面の方位目盛とカバーガラスのラバーライン（赤い線）が見えるようにプリズムの角度を調整します。
- プリズムがなく、ラバーラインが前後に2本あるものは、ラインが1本に見えるように合わせます。

04　方位を読み取ります

【要点】
- プリズム式は、目標が照準器のV字型の中央に入るようにし、目標と照準器の白い線及びラバーラインが一直線になるようにして目盛を読み取ります。
- ラバーラインが2本あるものは、ラインが1本に見える延長線上に目標が来るようにし、方位を読み取ります。

目標

操縦の心得

　小型船舶を操縦するにあたり、常に念頭に置いておくべき事項があります。「姿勢制御」、「気象海象を読む」、「舵と速力調整」という３点です。

　船を最も安定して性能が発揮できる姿勢に保ち、外力の影響を見極めて適切なハンドル操作とスロットル操作を行うことが重要です。自分の思ったとおりに操縦するには、このどれもが欠かすことのできない基本的な事項となります。

　また、船を安全に運航させるには止水での操縦がうまいだけではだめで、刻々と変わる状況を適切に判断する必要があります。状況を大局的に観察して認識し、危険を早目に察知して安全な方法を選択する、ということが余裕を持ってできるように心掛けてください。

第2章

基本操縦

第5課	# 安全確認

5-1 見張り

　安全運航は見張りに始まり見張りに終わるといっても過言ではありません。船舶の運航にあたって最も重要なことは事故を起こさないことであり、事故防止に最も効果があるのは、適切な見張りを行うことです。

1 見張りの基本

航海における見張りとは、視覚、聴覚などあらゆる手段を使って、錨泊中や漂泊中を問わず以下のように行う安全確認行為です。

① 全方位にわたり → ② 対象物を特定せず → ③ 継続的に繰り返す

全方向を見る　　　対象物を特定しない　　　錨泊中や漂泊中も行う

2 見張りの実施

多くの方は、「見る（網膜に映る）」行為をもって見張りと考えていますが、実際の見張り行為とは視覚、聴覚など様々な方法を使った以下のような一連の複雑な行為の繰り返しです。

① 周囲の観察 → ② 早期発見 → ③ 相手船の位置、進路、速力、船種の確認 → ④ 方位の変化の観察 → ⑤ 衝突のおそれの有無を判断 → ⑥ 動静監視の続行 → ⑦ 衝突を避けるための動作 → ⑧ 回避効果の確認

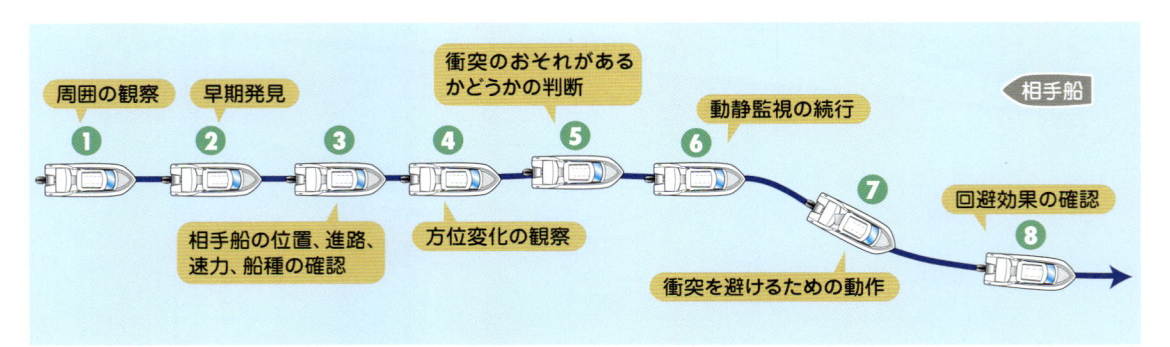

周囲の観察　早期発見　衝突のおそれがあるかどうかの判断　動静監視の続行　相手船　回避効果の確認　相手船の位置、進路、速力、船種の確認　方位変化の観察　衝突を避けるための動作

安全運航の基本は、安全を目視で確認することです。航行中の周囲の見張り、針路変更など今までと異なる動作を取るときの安全確認動作、そして自船の船位などの状況の認識と常に安全の確認を行って、事故防止に努めましょう。中でも最も重要なのが見張りです。小型船舶の海難原因は「見張り不十分」によるものが突出しており、特に見張りの励行が求められます。

また、見張りによる周囲の状況の把握だけでなく、船位、針路、エンジンの状態といった自船の状況を常に把握して安全であることを認識しておくことも重要です。

COLUMN

SCAN

USCG（米国沿岸警備隊）とNSBC（全米安全運航評議会）では、事故防止に最も効果的な「適切な見張り（Proper Lookout）」の実施に当たり「SCAN」という標語を示して周知しています。これは見張りの実施に必要な4つの動作を表す言葉の頭文字を取ったものですが、その実施方法はここで述べた見張りの実施と全く同じで、周囲をよく見て衝突する危険のある対象船舶を早期に発見し、集中して動静監視を行い、危険の有無を判断し、適切な回避動作をとる、というものです。船

舶の交通量が多く、自身の船速が速いほどSCANする速度も速くしなければならない、としています。

Search 探査	**C**oncentrate 集中	**A**nalyze 分析	**N**egotiate 回避
自船の周囲360度を探査して対象物を発見する	とらえた対象物はどんなタイプの船か動静はどうかに集中する	対象物と自船との相対位置、衝突の危険性を分析する	衝突の危険ありと判断したら針路変更や減速を行って衝突を回避する

　停止状態から発進するときや、増速、変針、減速、後進などのように、それまでの状態とは異なる動作をとるときは、新たな動作によって危険が生じないかどうか、動作の前の適切な時機に安全確認を行うことが重要です。十分に安全を確認してから次の動作をとる、という習慣をつけるようにしましょう。

　また、うっかりやぼんやりといったヒューマンエラーによる事故を防止するためには、作業の要所要所で指差し確認や発声による確認をすることはとても有効です。さらにこれまでと異なる動作を取るときは同乗者の安全を確保するため、先に伝えてから動作を取ることも重要です。安全のため、確認や動作は発声とともに行うように心掛けましょう。

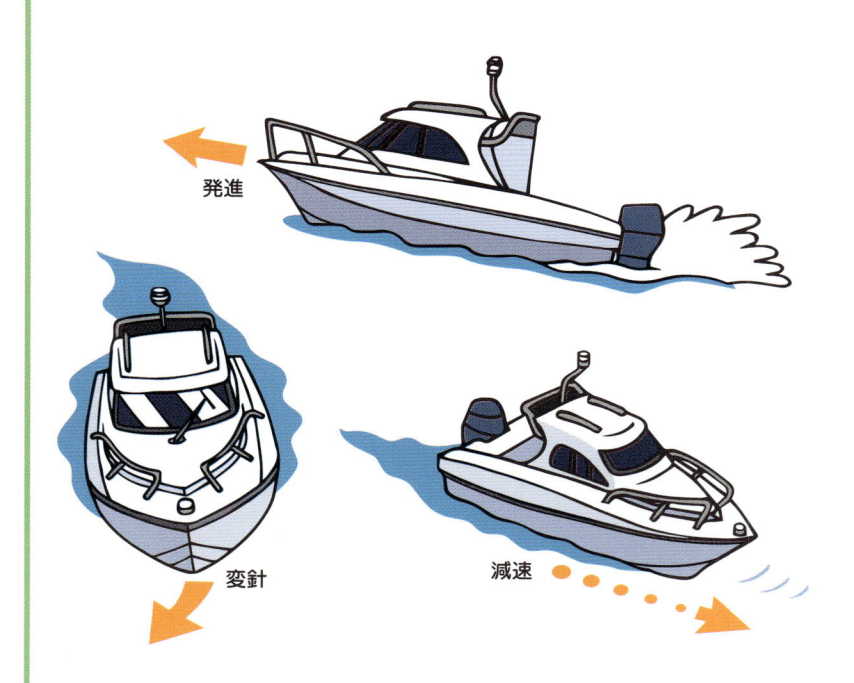

発進

変針　　　　減速

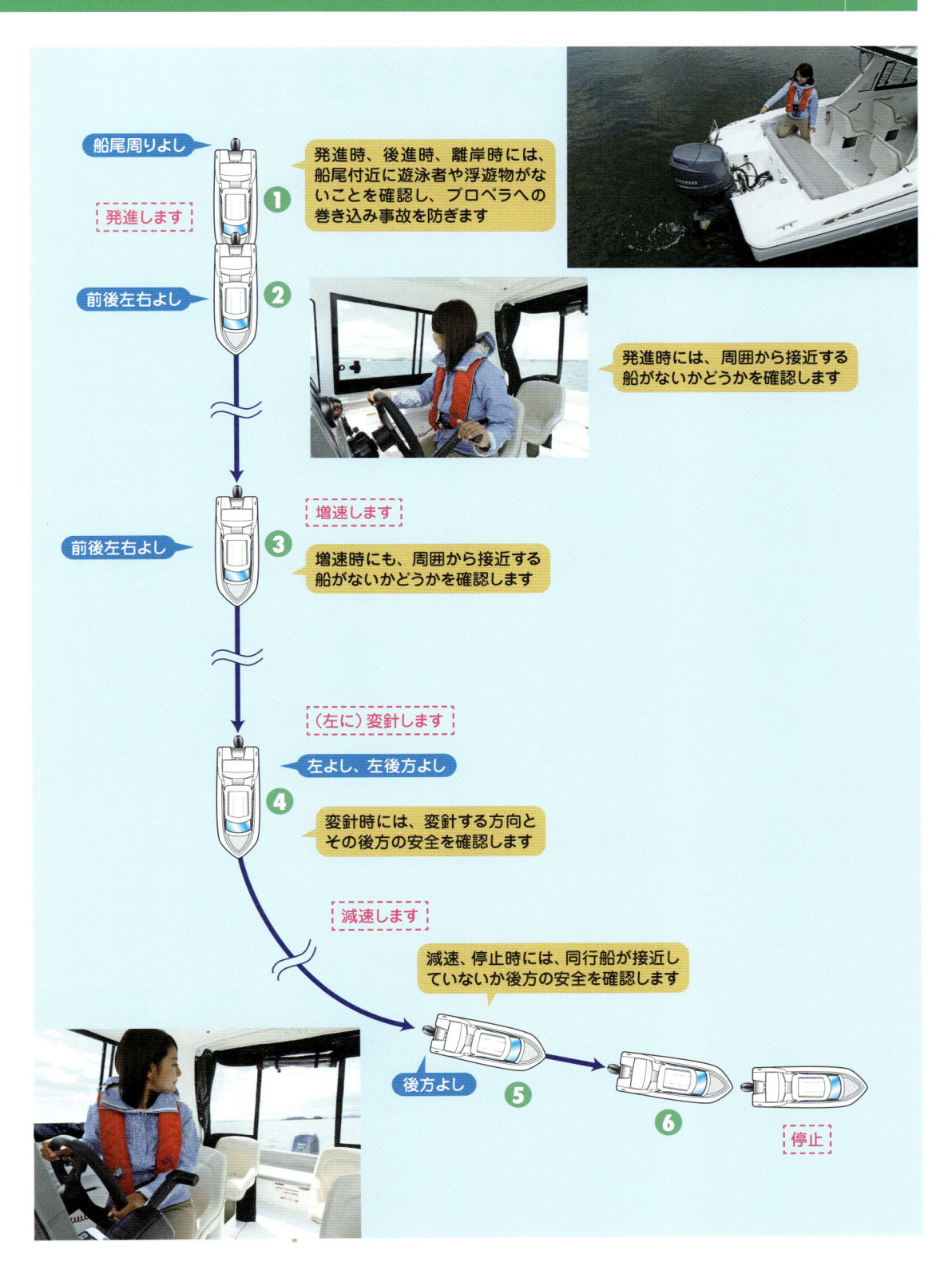

船尾周りよし

発進します ①

発進時、後進時、離岸時には、船尾付近に遊泳者や浮遊物がないことを確認し、プロペラへの巻き込み事故を防ぎます

前後左右よし ②

発進時には、周囲から接近する船がないかどうかを確認します

増速します

前後左右よし ③

増速時にも、周囲から接近する船がないかどうかを確認します

（左に）変針します

左よし、左後方よし ④

変針時には、変針する方向とその後方の安全を確認します

減速します

減速、停止時には、同行船が接近していないか後方の安全を確認します

後方よし ⑤

⑥

停止

第6課 発進・直進・停止

6-1 操縦姿勢、ハンドル・リモコンレバーの操作

　操縦の基本は、先にも述べたとおり「姿勢制御」、「気象海象を読む」、「舵と速力調整」という3点ですが、特に実際に船を動かすためのハンドル(舵)とリモコンレバー(速力調整)の適切な操作がとても重要です。

1 操縦姿勢

　操縦するときはハンドルに正対し、自然な姿勢で腰掛けます。肩の力を抜き、片手でハンドル、片手でリモコンレバーを握ります。リモコンレバーはいつでもすぐに操作できるよう、常に手を添えておきます。

2 ハンドル

　リモコンレバーを左手で操作する場合、ハンドルは中央の位置を確認した後、時計でいえば2時の位置あたりを右手で握ります。ハンドルは、切ったら必ず戻します。

3 リモコンレバー（シングルレバーの場合）

　シングルレバーでは、クラッチとスロットルの操作を1本のレバーで行います。

　クラッチをつないだり、切り離したりする操作は、リモコンレバーを素早く動かし、エンジン回転を上げ下げする操作は、静かに少しずつ動かすようにしましょう。

　レバーを前進や後進の位置まで倒したとき、どこでクラッチがつながり、その後どのくらいの位置からスロットルが働くのか、音や感触をよく確かめ、自分で体得しておくことが必要です。

　また、リモコンレバーは強く握ると微妙なスロットル操作ができず船の動きがぎくしゃくしますので、軽く握り、手のひらで動かすように操作します。

　慣れてきたら、視線を動かさずシフト操作ができるようになりましょう。

前進 　中立 　後進

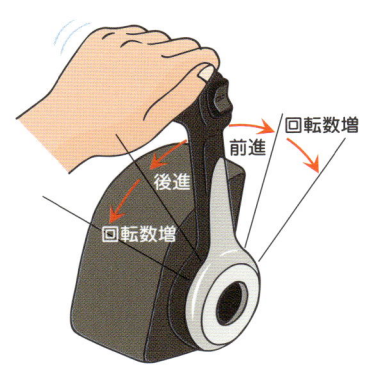

6-2　発進・低速直進

　発進する際には、水面やプロペラ付近に障害物がないか、あるいは接近してくる船がないかなど周囲の安全をよく確かめましょう。同乗者には発進して動き出すことを伝えます。

　低速による直進は、全ての操縦に通じる基本的な操船技術です。船の動きを確かめながら十分に練習しておきましょう。

［発進・低速直進のチェックポイント］
01　船尾周り、周囲の安全確認の実施
02　発進時のハンドル操作
03　針路の保持及び目標の取り方
04　風・潮流の影響がある場合のハンドル操作
05　継続的な見張りの実施

次のような要領で行いましょう

01　目標確認

【要点】
●進行方向に目標を定めます。
●目標はできるだけ遠方に設定します。

02　安全確認（船尾周り）

【要点】
●プロペラへの巻き込み事故を防止するため、船尾付近に遊泳者や浮遊物が無いことを確認します。

次ページへ続く

03 安全確認（周囲）

【要点】
● 接近してくる船はないか、周囲の安全を確認します。

04 発進します

【要点】
● （ハンドルの中央を確認した後）目標の方向にハンドルを切ります。
● 発進することを同乗者に伝えます。

05 前進

【要点】
● リモコンレバーを素早く前方に倒して微速で発進します。
● 発進時は、前進・後進に限らず、必ずハンドルを先に切った後にシフトします。

次ページへ続く

06 発進しました

目標

【要点】
- 船首が目標に向く少し前からハンドルを戻し、目標に正対させます。
- 目標は船首先端部に合わせるのではなく、操縦者の正面に来るようにします。

目標の取り方

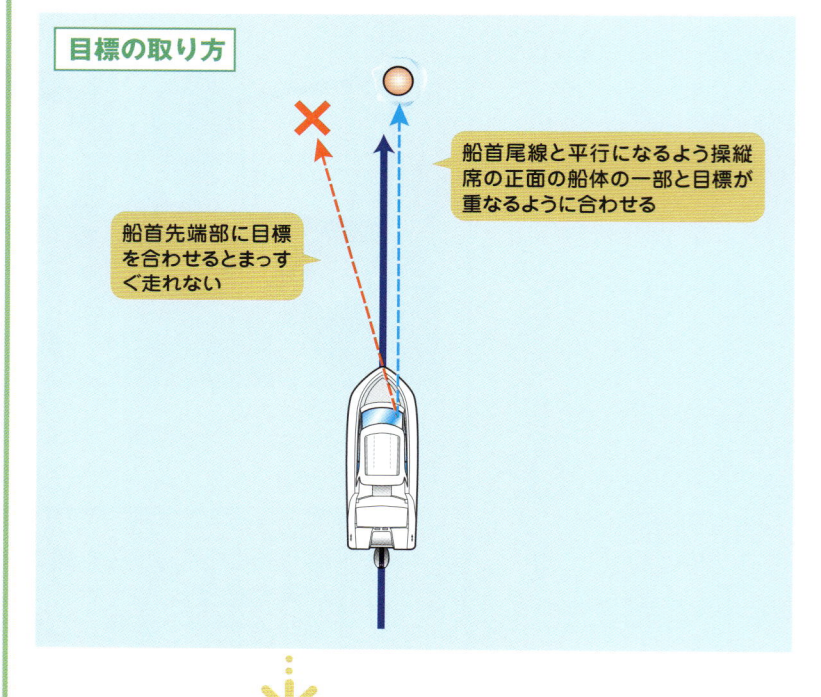

船首尾線と平行になるよう操縦席の正面の船体の一部と目標が重なるように合わせる

船首先端部に目標を合わせるとまっすぐ走れない

07 増速

【要点】
- 目標に正対したら、周囲の安全確認をして、微速から少し増速します。
- エンジン音、航走状態や各計器類をチェックします。

次ページへ続く

08 針路修正

【要点】
● 低速では風潮流やプロペラの回転の影響を受けやすいので、船首が振れてからハンドルを大きく切って戻すのではなく、振れを早めに察知して小刻みに切って針路を修正します。

09 見張り

【要点】
● 目標だけを見るのではなく、周囲の見張りを継続して行います。

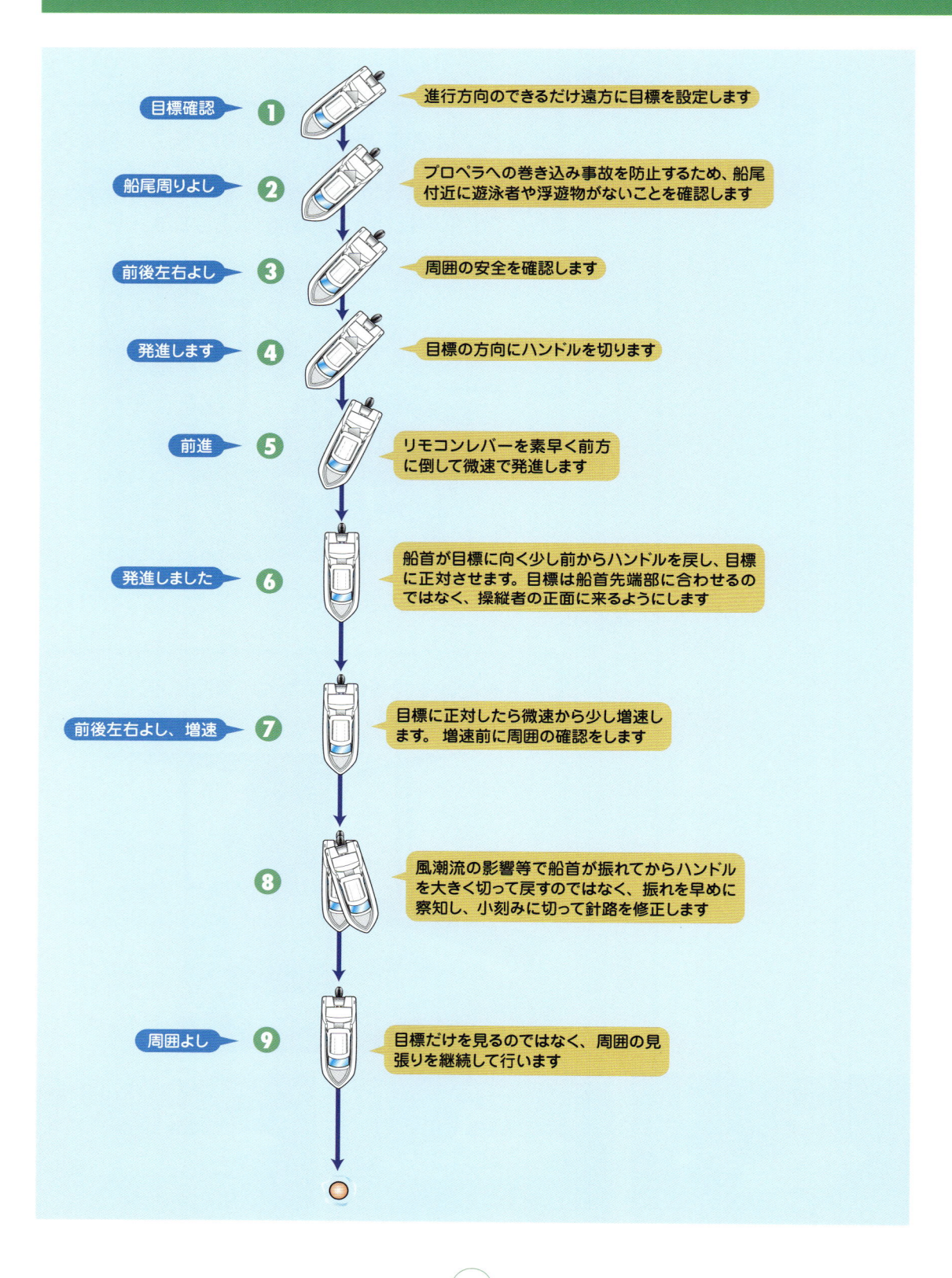

目標確認 ❶ 進行方向のできるだけ遠方に目標を設定します

船尾周りよし ❷ プロペラへの巻き込み事故を防止するため、船尾付近に遊泳者や浮遊物がないことを確認します

前後左右よし ❸ 周囲の安全を確認します

発進します ❹ 目標の方向にハンドルを切ります

前進 ❺ リモコンレバーを素早く前方に倒して微速で発進します

発進しました ❻ 船首が目標に向く少し前からハンドルを戻し、目標に正対させます。目標は船首先端部に合わせるのではなく、操縦者の正面に来るようにします

前後左右よし、増速 ❼ 目標に正対したら微速から少し増速します。増速前に周囲の確認をします

❽ 風潮流の影響等で船首が振れてからハンドルを大きく切って戻すのではなく、振れを早めに察知し、小刻みに切って針路を修正します

周囲よし ❾ 目標だけを見るのではなく、周囲の見張りを継続して行います

6-3 高速による直進

　滑走型艇は、高速の滑走状態で航行させることで性能を発揮するよう設計されています。滑走状態とそこに至る過程を把握するとともに、高速でも波や風の影響を受けますので、目標をしっかりとらえて、針路の修正は船首の振れの少ないうちに必要最小限のハンドル操作で行いましょう。

[高速直進のチェックポイント]

01　増速前の周囲の安全確認
02　ハンプ状態、滑走状態の確認
03　リモコンレバーの操作方法
04　針路の保持及び修正方法
05　継続的な見張りの実施

次のような要領で行いましょう

01 目標に向かい高速で直進します

【要点】
● できるだけ遠方にある進行方向の目標を確認します。

低速状態

次ページへ続く

02 増速

【要点】
- 周囲の安全を確認し、増速することを同乗者に伝えます。リモコンレバーを倒して増速していきます。

増速中

03 ハンプ

【要点】
- 増速とともに水の抵抗を受けて船首部分が持ち上がり、引き波が大きくなるハンプと呼ばれる状態になります。
- エンジンに大きな負荷がかかり、燃料消費量も増加するので、早くこの状態を抜けるように少し大きくリモコンレバーを倒します。ただし、急増速は、同乗者が船内で転倒したり、装備品が移動したりして危険ですので滑らかに増速します。

ハンプ状態

次ページへ続く

04 滑走

【要点】
● さらに増速すると、船体が浮上して船首が下がり、負荷が減少して速力が一気に上がり滑走状態となります。回転数も急に上がりますので滑走状態になったらリモコンレバーを少し戻し、適切な速度を維持します。

高速（滑走）状態

05 針路保持

【要点】
● 目標を操縦者の正面に保持します。まっすぐ走っているつもりでも、外力の影響やその船のクセで曲がっていきますので、大きくコースがずれる前に、早めに修正します。

次ページへ続く

06 針路修正

【要点】
●針路の修正は、ハンドルを大きく切らずに必要量だけ回し、足りなければ補うようにして小刻みに行います。また、切ったら必ず戻します。

07 見張り

【要点】
●目標だけを見るのではなく、周囲の見張りを継続して行います。高速になるほど、視野は狭くなりますので意識して目線を左右に動かすようにしましょう。

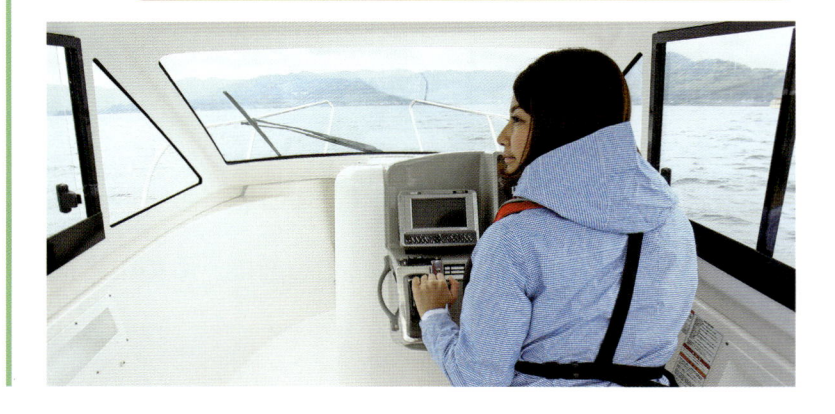

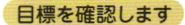
目標を確認します
❶

ハンプ状態を早く抜けるように少し大きくリモコンレバーを倒します。急増速しないよう滑らかに増速します
❸

目標を正面に保持し、外力の影響等でコースがずれる前に早めに修正します
❺

高速になるほど視野は狭くなるので、目標だけを見ず、意識して周囲の見張りを継続します
❼

周囲の安全確認をし、リモコンレバーを倒して増速します
❷

船首が下がって速力が上がり滑走状態となったらリモコンレバーを少し戻して適切な速度を維持します
❹

針路の修正は、ハンドルを大きく切らず小刻みに行い、切ったら必ず戻します
❻

6-4 停止

　停止するときは、後方の安全をよく確認し、リモコンレバーをゆっくり戻して減速していきます。船は水の抵抗で停止しますが、リモコンレバーを中立の位置に戻してもすぐには停止せず惰力が残ります。行き足とも呼ばれるこの惰力の大きさを知り、確実に制御できることが操縦には不可欠となりますので、よく体得しておきましょう。

[停止のチェックポイント]
01　安全確認の実行
02　リモコンレバーの操作方法
03　停止惰力の把握・制御

❶水の抵抗による停止

次のような要領で行いましょう

01　停止します

【要点】
● 追突事故を防止するため、後方の安全を確認します。
● 減速することを同乗者に伝えます。

次ページへ続く

02 減速・中立

【要点】
● リモコンレバーをゆっくり戻し、回転数がアイドリング近くに落ちてから中立にします。高回転からいきなり中立にすると、同乗者の転倒、装備品の移動、船尾からの波の打ち込みなどがおこるので、緊急時以外は急減速をしてはいけません。

03 停止惰力

【要点】
● 中立にするとしばらく惰力で進みます。惰力は船の大きさや種類、乗船者数、船の速力、風潮流の向きや大きさによって変わってきます。

次ページへ続く

04 | 停止

【要点】
● 惰力が無くなったところで停止です。

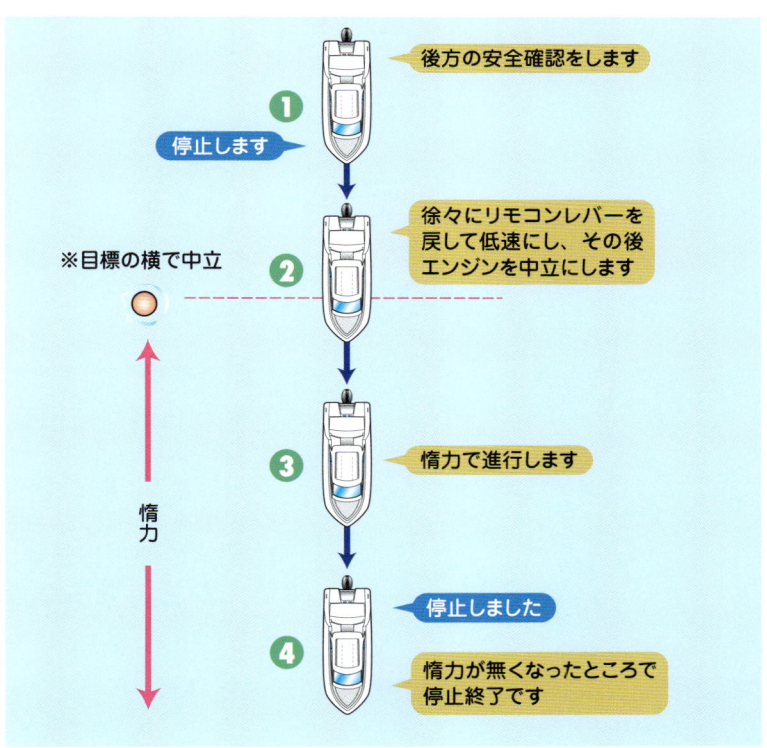

1 後方の安全確認をします

停止します

2 徐々にリモコンレバーを戻して低速にし、その後エンジンを中立にします

※目標の横で中立

惰力

3 惰力で進行します

4 停止しました

惰力が無くなったところで停止終了です

航走している状態からシフトを中立にすれば、水の抵抗でいずれ船は停止します。ただし、水域の状況などで自身の意図する距離で止まれることも重要な技術です。後進を使って停止距離を制御できるようにしましょう。

❷後進を使った停止

次のような要領で行いましょう

01 停止します

【要点】
- 追突事故を防止するため、後方の安全を確認します。
- 減速することを同乗者に伝えます。

02 減速・中立

【要点】
- リモコンレバーをゆっくり戻し、回転数がアイドリング近くに落ちてから中立にします。

03 後進

【要点】
- 前進から直ぐに後進するとギアを傷めるので、中立に入れ、必ず一拍おいてから微速後進にシフトします。船首が進路からぶれないようにハンドルを操作しながら中立後5艇身以内を目安に完全に停止します。
- 惰力が強い場合は後進使用時に少し回転数を上げます。

次ページへ続く

04 停止

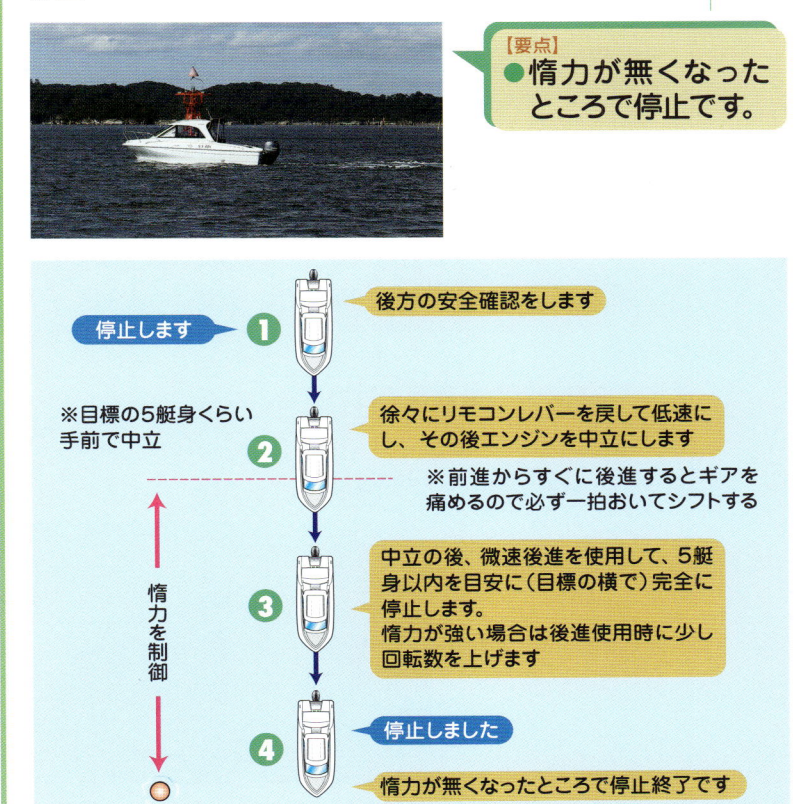

【要点】
● 惰力が無くなった
  ところで停止です。

停止します ➊ 後方の安全確認をします

※目標の5艇身くらい
手前で中立

➋ 徐々にリモコンレバーを戻して低速に
  し、その後エンジンを中立にします

※前進からすぐに後進するとギアを
痛めるので必ず一拍おいてシフトする

惰力を制御

➌ 中立の後、微速後進を使用して、5艇
  身以内を目安に（目標の横で）完全に
  停止します。
  惰力が強い場合は後進使用時に少し
  回転数を上げます

➍ 停止しました

惰力が無くなったところで停止終了です

BOATER's EYE

　自動車はブレーキを掛けると、動かない路面との摩擦抵抗で止まりますが、流動する水面に浮かぶボートでは、思ったところに止まることはなかなか困難です。それでも目標とするところでボートを止める（行き足を無くす）ことは、着岸や人命救助などの操船において非常に重要となります。前述のNSBCのトレーニングでは、水上でボートが止まっているか動いているかの判断を「ボーターズ・アイ」と呼んで繰り返し練習します。

　ボートの動きは、固定対象物を視覚的に利用して判断します。ボーターズ・アイは、近くの固定対象物と遠くの背景を使用し、対象物と背景の位置合わせがボートの動きの指標であることを認識します。両者の位置が変化している場合、ボートはまだ動いています。両者の位置が変わらない場合、ボートは停止しています。

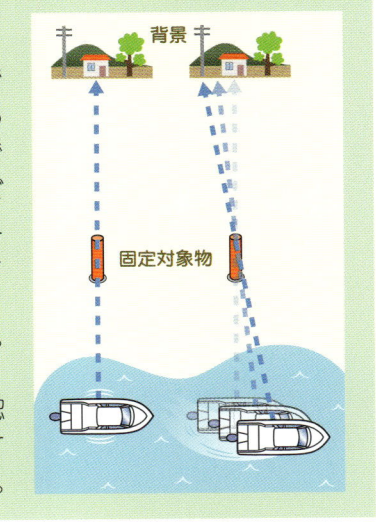

背景

固定対象物

第7課 後進

［後進のチェックポイント］
01 船尾周り、周囲の安全確認の実施
02 ハンドルの操作方法及び目標の取り方
03 風・潮流が強い場合の措置
04 継続的な見張りの実施

次のような要領で行いましょう

01 目標確認

【要点】
●後進方向に目標を定めます。目標はあまり近すぎないものを設定します。

02 安全確認（船尾周り）

【要点】
●プロペラへの巻き込み事故を防止するため、船尾付近に遊泳者や浮遊物が無いことを確認します。

次ページへ続く

後進は、狭い水域での操縦に欠かせない操船技術です。
実際には延々と後進で走ることはまずありませんが、ある程度の距離を後進でまっすぐ下がれるよう、
後進時の船の動きや特性を理解しましょう。

03 安全確認（周囲）

【要点】
● 周囲の安全を確認
します。

04 後進します

【要点】
● 目標がよく見えるよう身体を船体中心方向に
ひねり、ハンドルの中央を確認した後、ハンド
ルの頂部付近を持ちます。
● 目標の方向にハンドルを切ります。

05 リモコンレバー

【要点】
● リモコンレバーを
後方に倒して微速
で後進します。

次ページへ続く

06 目標

> 【要点】
> ●船尾が目標に向く少し前からハンドルを戻し、目標に正対させます。操縦席の真後ろにある船体の一部と目標が重なるようにします。

07 後進

> 【要点】
> ●目標に正対したら、微速で後進を続けます。

08 針路修正

> 【要点】
> ●針路がずれたら、そのずれが少ないうちに船尾を向けたい方向にハンドルを回すようにして修正します。
> ●後進では船尾が風上に切り上がる特性があります。風や流れが強く、船尾が思った方向に向かわないときは、少しエンジンの回転数を上げます。

次ページへ続く

09 見張り

【要点】
● 目標だけを見るのではなく、周囲の見張りを
継続して行います。

目標の取り方

船体の中央に目標を合わせると
まっすぐ下がれない

操縦席の真後ろに目標

×

① 目標確認 → 後進目標を定めます

② 船尾周りよし → 船尾付近に遊泳者や浮遊物がないことを確認し、プロペラへの巻き込み事故を防ぎます

③ 前後左右よし → 後方だけではなく周囲の安全確認を行います

④ 目標に向け後進します → 目標に身体を向け、ハンドル中央を確認した後、頂部を持ち、目標の方向にハンドルを切ります

⑤ → リモコンレバーを後方に倒して微速で後進します

⑥ 船尾が目標に向く少し前からハンドルを戻し、目標に正対させます。操縦席の真後ろにある船体の一部と目標が重なるようにします

⑦

目標に向け微速で後進を続けます

⑧ 目標だけを見るのではなく、周囲の見張りを継続して行います

針路がずれたら、船尾を向けたい方向にハンドルを回して修正します。風や流れが強く、船尾が思った方向に向かわないときは、少しエンジンの回転数を上げます

⑨

第8課 変針・旋回・連続旋回（蛇行）

8-1 変針・旋回

　変針前には、変針していく方向とその後方の安全を必ず確認します。航行中に針路を変えるときは、過大な速力で急旋回をすると同乗者に危険が及ぶことがありますので、針路を変えることを伝えてからゆっくりとハンドルを回して徐々に行います。水の抵抗で速力が下がりますので適正で安全な速力を維持します。

［変針・旋回のチェックポイント］
01　安全確認の実施
02　適切な速力への調整方法
03　ハンドルの操作方法と旋回径の大きさの確認
04　新針路の保持
05　継続的な見張りの実施

❶目標を使った変針

ここでは、目標を使った変針の要領について説明します。

次のような要領で行いましょう

01 目標確認

【要点】
●変針目標を確認します。

次ページへ続く

02 安全確認

【要点】
- 変針方向とその後方の安全を確認します。
- 変針することを同乗者に伝えます。

03 減速

【要点】
- 適切な速力に減速します。高速のまま旋回すると遠心力で同乗者が船外に投げ出されるなど危険を伴います。船型や水面状態にもよりますが、滑走型艇は滑走状態を崩さないようにします。

次ページへ続く

04 変針

【要点】
- 変針方向へゆっくりとハンドルを回します。ハンドルは急に大きく回さず、足りなければ補うくらいのつもりで水域の広さや速力に応じた旋回径で回頭できる舵角を保持します。

05 増速

【要点】
- 旋回による水の抵抗によって速力が低下しますから、目標に向く少し手前からハンドルを徐々に戻すとともに、元の速力に戻すように増速します。

次ページへ続く

06 新針路保持

【要点】
- 目標に向いたら高速状態を維持し、目標に向けた新しい針路を保持して直進します。

07 見張り

【要点】
- 目標だけを見るのではなく、変針中、変針後も周囲の見張りを継続して行います。

❷コンパスを使った変針

視界が悪いなどで目標が選定できない場合は、操舵用コンパスを使って変針します。

次のような要領で行いましょう

01 新針路確認

【要点】
- 現針路及び新針路を確認します。

02 安全確認

【要点】
- 変針方向とその後方の安全を確認します。
- 変針することを同乗者に伝えます。

03 減速・変針

【要点】
- 適切な速力に減速します。変針方向へゆっくりとハンドルを回します。

次ページへ続く

04 新針路確認・増速

【要点】
- 操舵用コンパスは追従が遅いので、新針路に向く少し手前からハンドルを徐々に戻します。変針角度が大きいほど早めに戻します。
- 新針路に向く少し前から増速します。

05 新針路保持・見張り

【要点】
- 新針路に向いたら高速状態を維持し、新しい針路を保持して直進します。
- コンパスや前方だけを見るのではなく、変針中、変針後も周囲の見張りを継続して行います。

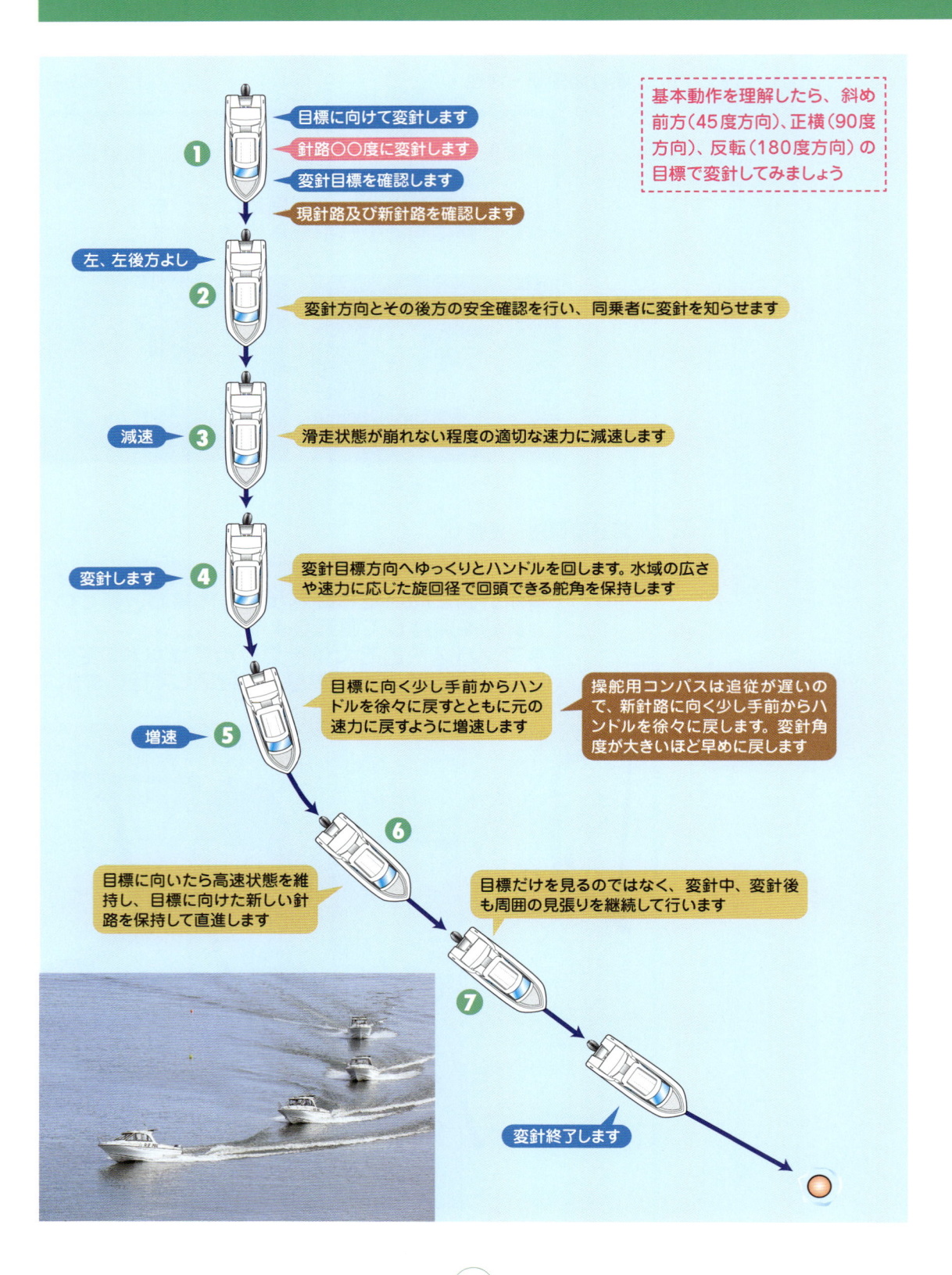

①
- 目標に向けて変針します
- 針路○○度に変針します
- 変針目標を確認します
- 現針路及び新針路を確認します

② 左、左後方よし
変針方向とその後方の安全確認を行い、同乗者に変針を知らせます

③ 減速
滑走状態が崩れない程度の適切な速力に減速します

④ 変針します
変針目標方向へゆっくりとハンドルを回します。水域の広さや速力に応じた旋回径で回頭できる舵角を保持します

⑤ 増速
目標に向く少し手前からハンドルを徐々に戻すとともに元の速力に戻すように増速します

操舵用コンパスは追従が遅いので、新針路に向く少し手前からハンドルを徐々に戻します。変針角度が大きいほど早めに戻します

基本動作を理解したら、斜め前方（45度方向）、正横（90度方向）、反転（180度方向）の目標で変針してみましょう

⑥
目標に向いたら高速状態を維持し、目標に向けた新しい針路を保持して直進します

目標だけを見るのではなく、変針中、変針後も周囲の見張りを継続して行います

⑦
変針終了します

8-2 連続旋回（蛇行）

蛇行は、高速における柔軟円滑な操縦技術を身につけるため、3つのブイを設置したコースを航走します。基準コースをイメージしてブイとの位置関係を常に認識し、船舶の動きを把握しながら視線を先々に送ってハンドル操作のタイミングが遅れないようにしましょう。

[蛇行のチェックポイント]
01 目標の確認
02 安全確認の実施
03 コース進入時の転舵時機
04 ブイの横間隔、中間点の通過
05 基準コースのトレース
06 3つのブイ通過後の直進要領

基準コース

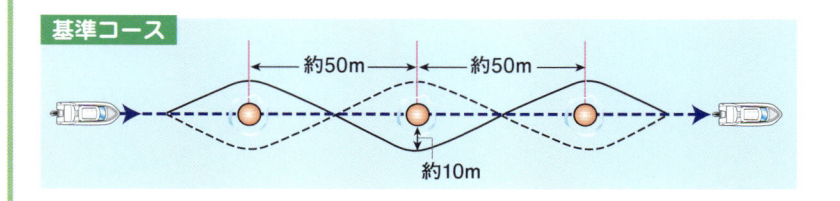

約50m　約50m　約10m

次のような要領で行いましょう

01 目標確認

【要点】
●3つのブイの延長線上にある目標を確認します。ブイを通過した後、直進する際の目安となります。

目標

次ページへ続く

02 安全確認

【要点】
● 周囲と蛇行コース内の安全を確認します。

03 発進・増速

【要点】
● ブイの約100メートル手前から発進し、3つのブイの見通し線上を直進しながら高速(滑走型艇は滑走状態)まで増速します。

04 転舵

【要点】
● 第1ブイの約30メートル手前から転舵を開始します。左右どちらから進入してもかまいません。

05 蛇行

【要点】
●ブイの真横は、約10メートル離して通過し、その後ブイとブイの中間点を通過できるように視線を先々に移しながらハンドルを切ります。高速状態を維持し、基準コースをイメージしながら航跡が左右対称の滑らかな曲線になるように操舵します。

06 見通し線上への復帰

【要点】
●第3ブイを通過したら、約30メートル先で後方を振り返らずにブイの延長線上に戻り、あらかじめ確認しておいた目標に向かって直進を続けます。

07 停止（蛇行終了）

【要点】
●後方の安全を確認した後、徐々に減速して中立とし、停止します。

蛇行の手順

118

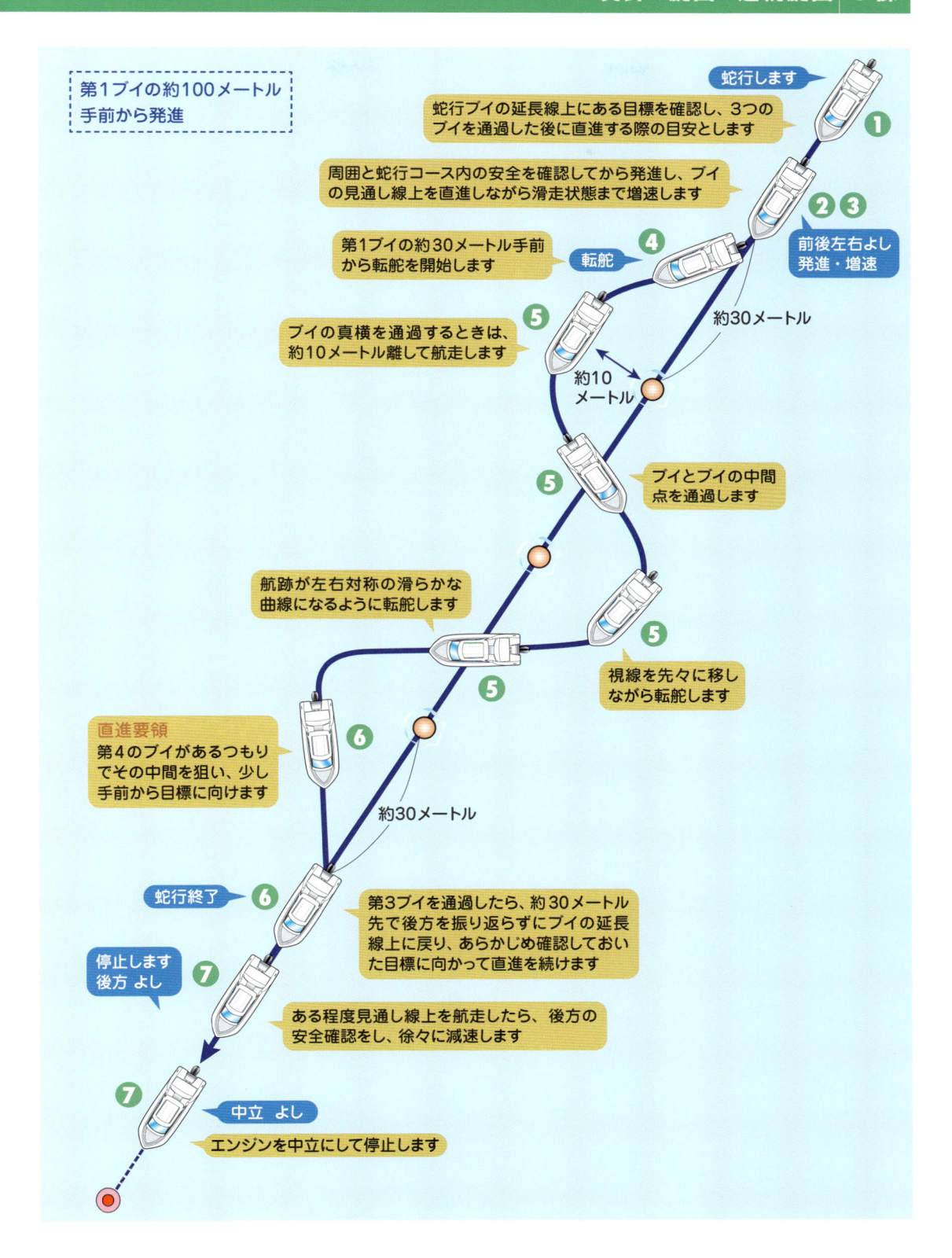

第1ブイの約100メートル
手前から発進

蛇行します

蛇行ブイの延長線上にある目標を確認し、3つの
ブイを通過した後に直進する際の目安とします ❶

周囲と蛇行コース内の安全を確認してから発進し、ブイ
の見通し線上を直進しながら滑走状態まで増速します ❷❸

前後左右よし
発進・増速

第1ブイの約30メートル手前
から転舵を開始します 転舵 ❹

約30メートル

ブイの真横を通過するときは、
約10メートル離して航走します ❺

約10
メートル

ブイとブイの中間
点を通過します ❺

航跡が左右対称の滑らかな
曲線になるように転舵します ❺

視線を先々に移し
ながら転舵します ❺

直進要領
第4のブイがあるつもり
でその中間を狙い、少し
手前から目標に向けます ❻

約30メートル

蛇行終了 ❻

第3ブイを通過したら、約30メートル
先で後方を振り返らずにブイの延長
線上に戻り、あらかじめ確認しておい
た目標に向かって直進を続けます

停止します
後方 よし ❼

ある程度見通し線上を航走したら、後方の
安全確認をし、徐々に減速します

❼

中立 よし

エンジンを中立にして停止します

第3章

応用操縦

第9課 人命救助

[人命救助のチェックポイント]
01 安全確認の実施
02 風・潮流や海面状態、操縦性能等による接近方向の決定
03 救助舷の決定と救助準備
04 外力の影響を考慮した速力調整、ハンドル操作
05 救助時の船体と要救助者の位置関係
06 救助時のプロペラ回転の停止
07 要救助者を船内に揚収する（引き揚げる）ときの船体の
　 バランス確保
08 救助完了までの継続的な見張りの実施

次のような要領で行いましょう

01 要救助者確認

【要点】
● 要救助者の位置を確認します。救助が終わる
　まで見失わないようにします。

要救助者に見立てた
ブイの一例

次ページへ続く

人が船外に落下した場合、あるいは、航行中に要救助者を発見した場合、最も優先すべきは、ボートをできるだけ早く要救助者に近づけることです。救助の方法は、風向や海面状態あるいは船型によって異なります。救助を成功させるには、ボートに乗っている全員の協力が重要ですが、ここでは1人で乗船しているときに要救助者を発見したという想定で実施します。

02 救助方向・救助艇の決定

【要点】
● 風や海面状態、自船の操縦性能などを考慮して、可能な限り最短距離で接近できる救助に向かうコースと救助する艇を決定します。

03 救助準備

【要点】
● 接近してからあわてないように救命浮環やボートフックを用意するなど救助準備をしておきます。

次ページへ続く

04 安全確認

【要点】
● 周囲の安全を確認します。

05 発進

【要点】
● 前進してすみやかに救助に向かいます。基本的に要救助者の風下から向かいます。

06 見張り

【要点】
● 救助作業が終了するまで、要救助者の監視に加え周囲の見張りを継続して行います。

次ページへ続く

07　接近

【要点】
●救助作業時に船体が受ける外力の影響を考慮し、揚収時に船体が要救助者に対して適切な向きになるよう接近します。要救助者から20メートル程度のところまではある程度速力を上げて近づきます。

08　中立

【要点】
●要救助者の20メートルくらい手前でいったん中立にし、惰力を見ながら風や流れの中で舵が効く最小限度の速力で要救助者に接近します。

次ページへ続く

09 後進・中立

【要点】
● 要救助者が確保できるところまで来たら、必要に応じて後進をかけて惰力を制御し、船体の側面から1～2メートル以内に要救助者を寄せてプロペラの回転が止まるよう確実に中立にします。
● 要救助者に船体をぶつけたり、プロペラを要救助者に向けたりしないように注意します。

10 要救助者確保　救助しました

【要点】
● リモコンレバーを不用意に操作しないように注意して救助に向かい、要救助者を舷側で確保します。

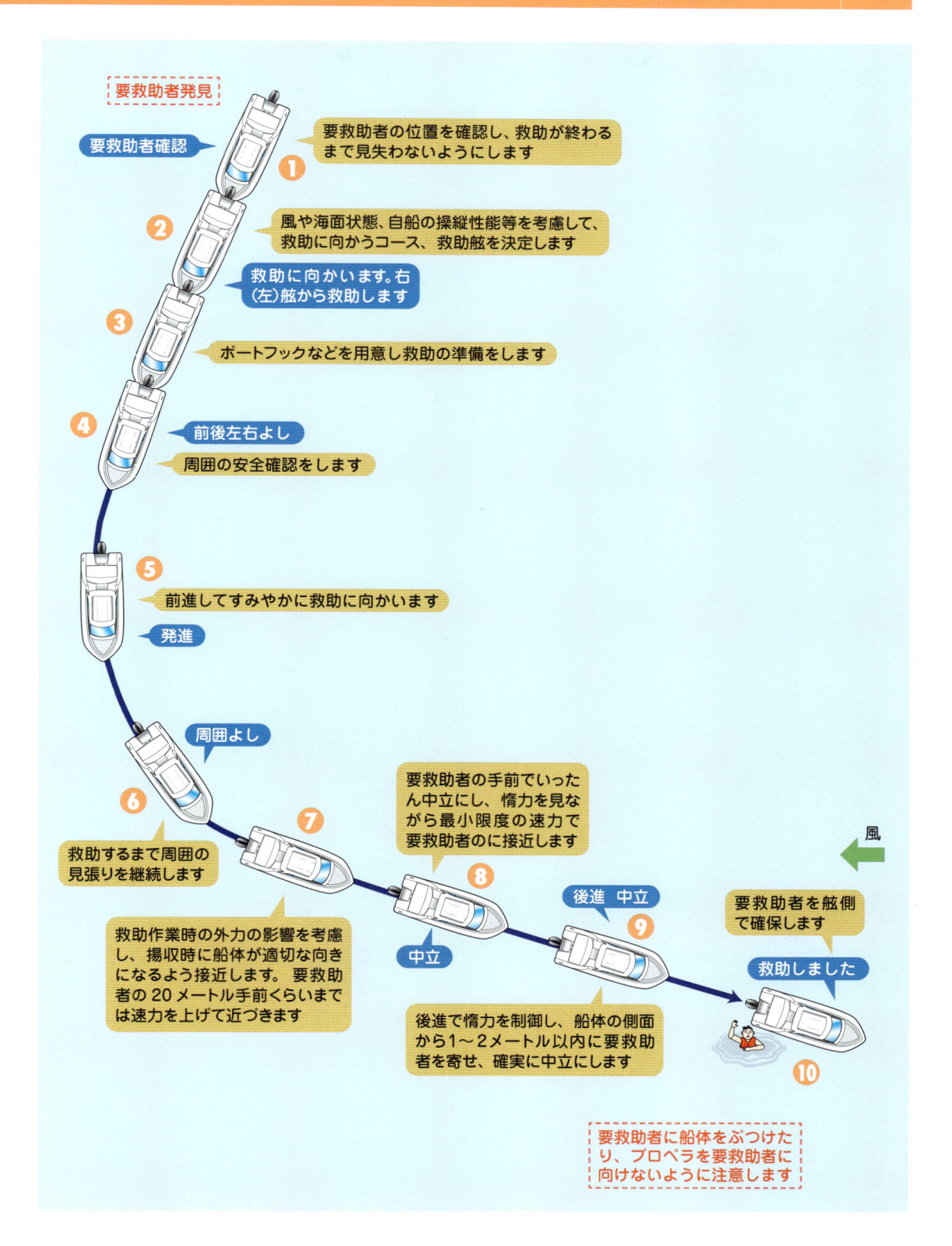

要救助者発見

要救助者確認

1 要救助者の位置を確認し、救助が終わるまで見失わないようにします

2 風や海面状態、自船の操縦性能等を考慮して、救助に向かうコース、救助舷を決定します

救助に向かいます。右（左）舷から救助します

3 ボートフックなどを用意し救助の準備をします

4 前後左右よし

周囲の安全確認をします

5 前進してすみやかに救助に向かいます

発進

周囲よし

6 救助するまで周囲の見張りを継続します

7 救助作業時の外力の影響を考慮し、揚収時に船体が適切な向きになるよう接近します。要救助者の20メートル手前くらいまでは速力を上げて近づきます

中立

8 要救助者の手前でいったん中立にし、惰力を見ながら最小限度の速力で要救助者のに接近します

後進で惰力を制御し、船体の側面から1～2メートル以内に要救助者を寄せ、確実に中立にします

後進　中立

9

要救助者を舷側で確保します

救助しました

10

風

要救助者に船体をぶつけたり、プロペラを要救助者に向けないように注意します

［風向による救助方法］

- 風が弱いときは風向を気にせずできるだけ最短距離で迅速に行います。ただし、ある程度風があるときは、風向を考慮した操船が求められます。
- 風が強いときに風上から向かうと速力の制御がしづらく、要救助者に船体をぶつけたり、乗り揚げて船底に巻き込んだりするおそれがあります。
- 風下から向かえば風がブレーキとなり速力の制御はしやすくなります。ただ風を受ける舷が意図しない方向になったとき元の針路に戻すことが難しくなります。

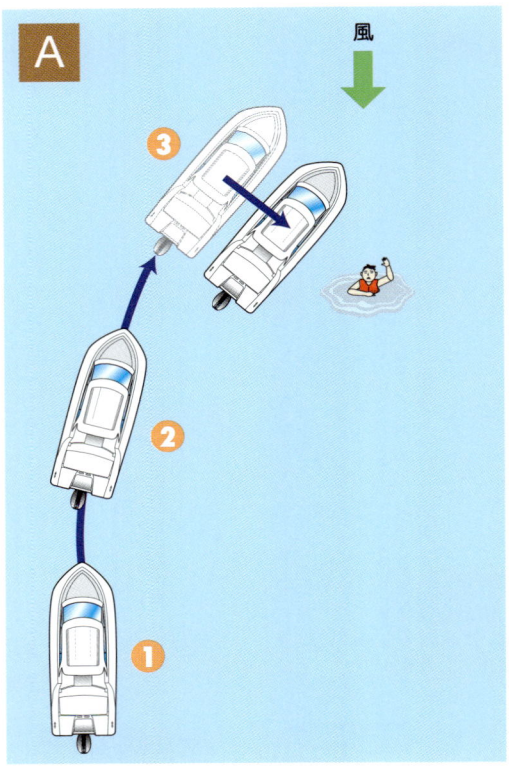
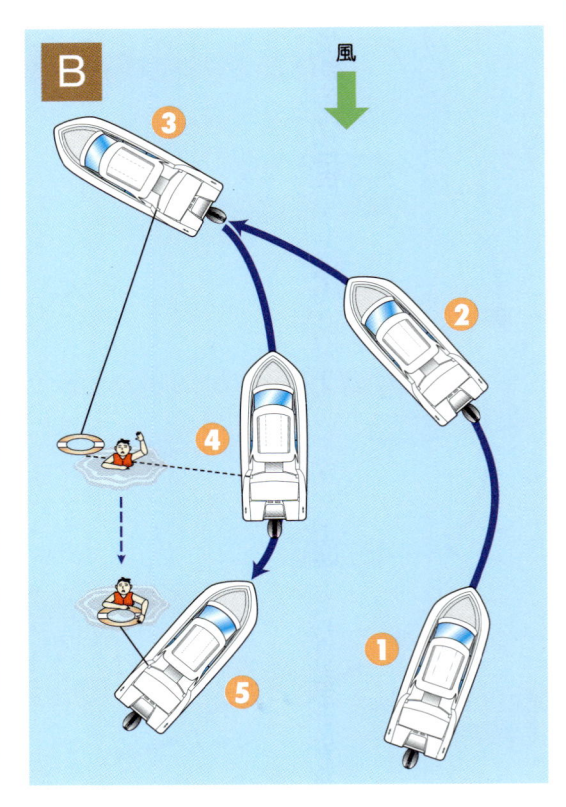

　基本は、速力調整のしやすい（風をブレーキ代わりに利用しやすい）風下側から向かい、救助舷とは反対の舷の斜め前方から風を受けながら要救助者の風上側に回り込みます。要救助者とある程度（２〜３メートル）距離を取って風上側で船を止め、風の力を使って要救助者に船体を寄せて確保します。

　風が強く風上側で確保すると要救助者に乗り揚げるおそれがある場合で要救助者に意識がある場合は、風上側の離れた位置（５〜10メートル）からライフブイを投げ与え、要救助者がライフブイを掴んだら後進で要救助者の風下側に回り込みライフブイをたぐり寄せます。意識がない場合は（A）の方法でギリギリまで行き足を残して確保します。

[備考]

●同乗者がいれば、救助に向かう際に落水者の方向を指差させ、方向と距離を継続して報告させます。

●基本的にプロペラによる人体への影響を考慮して確保と同時にエンジンを停止します。ただし、風浪が強い場合にエンジン停止状態で横波を受けると転覆の危険があるので、エンジンをかけたまま中立で揚収する場合もありますが、中立にしていてもプロペラは回転するリスクがあります。

●要救助者を船内に引き揚げるとき、船体の安定上、軽量な船ほど舷側からの揚収は難しくなります。また、舷側が高ければよじ登ることは非常に困難です。船体の構造にもよりますが、基本的に要救助者は船尾側から揚収するようにします。

●航行中に自船から落水者があった場合は、直ちに(右舷、左舷、船尾)落水と叫び、船内に知らせ、ライフブイを投下します。船体の長さが比較的大きく、要救助者をプロペラに巻き込むおそれがある場合は、落水者側に素早く転舵してキックの作用で落水者を遠ざけます。ただし、高速走行中の急転舵は危険なので、注意して転舵します。

COLUMN

FERRY

人や物を運ぶフェリーボートは、もともと川などの狭い水域を往復するための渡し船をいいます。川のように流れのある所では、この流れを利用することで効率よく対岸に渡ることができます。フェリーボートはこのような流れを利用して川などを往復していたため、流れを利用して横移動することを「FERRY」と呼びます。

基本は移動したい方向と反対の舷から外力を受け、その外力の方向に外力で流されない程度の推進力を与えることで横向きの力だけが残り、その方向に移動します。風や流れのあるところで横移動したいときなどに役立つ操縦技術で、人命救助のように要救助者にじわじわと接近したい場合や川岸の桟橋に着岸する場合などに有効に利用できます。

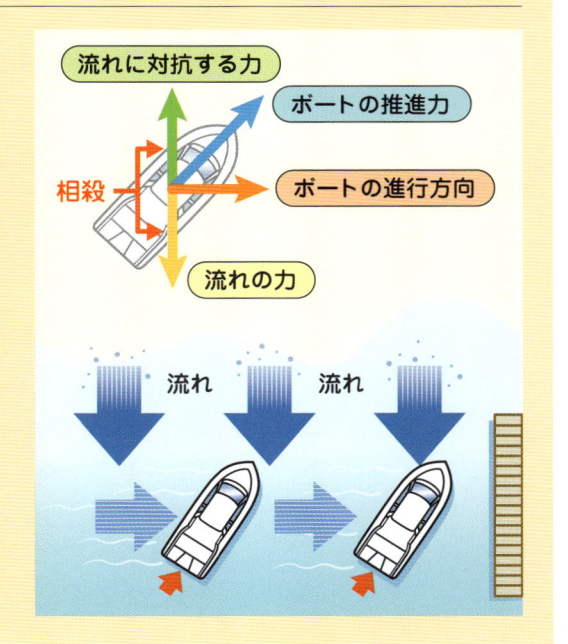

避航操船

- 01 動作を取る際の安全確認の実施
- 02 海上交通法規に従った操船
- 03 ためらわない大幅な操船の実施
- 04 避航後の動作
- 05 継続的な見張りの実施

　実際に航行中の船舶を使って実施するのは危険なので、他船との見合い関係を摸した図や写真を使用して練習しましょう。
　この実習は、基本操縦の「見張りの実施」に出てくる見張りの一連の流れを実際に実施してみるものです。相手船の種類、進路、速力はわかっていて、衝突のおそれがあると判断したところから始まりますので、その先の動静監視、衝突を避けるための動作、回避効果の確認を行って、元の針路・速力に戻します。

　避航動作は取って終わりではなく、避航前の元の状態（針路、速力）に戻して航行を続けなければなりません。元の針路、速力に戻すときも安全確認を忘れないようにしましょう。

他の船舶との衝突を避けるための操船は、十分に余裕のある時期に、ためらわずに、その変更が
他の船舶から容易にわかるように、できる限り大幅に行いましょう。ここでは、2隻の動力船に
衝突のおそれがある場合として、行会い船、横切り船の避航動作を、さらに各種船舶間の航法として、
小型帆船（ヨット）と漁ろう中の漁船との見合い関係について実際の避航方法を修得しましょう。

次のような要領で行いましょう

01 行会い船

【要点】
● 2隻の動力船が行き会う場合は、行会い船の航法が適用されますので、お互いが相手船の左舷側を安全に航過できるように針路を大きく右に転じて避けます。

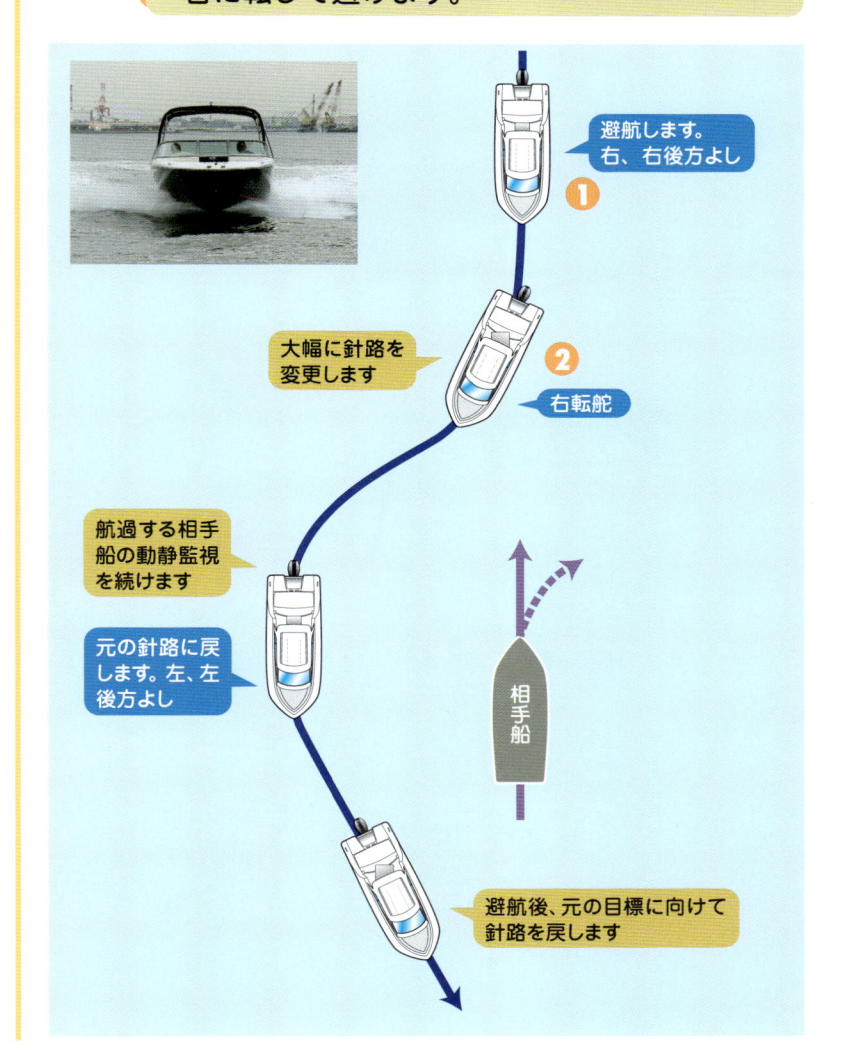

避航します。
右、右後方よし
❶

大幅に針路を
変更します
❷
右転舵

航過する相手
船の動静監視
を続けます

元の針路に戻
します。左、左
後方よし

相手船

避航後、元の目標に向けて
針路を戻します

02 横切り船

【要点】
● 2隻の動力船が互いに進路を横切る場合は、他船を右舷側に見る船舶が相手船の進路を避けます。
● 相手船がほぼ真横から来た場合は、船首方向を横切らないように、減速・停止して航過を待つか、大きく右転して相手船の船尾側に回り込んで進路を避けます。

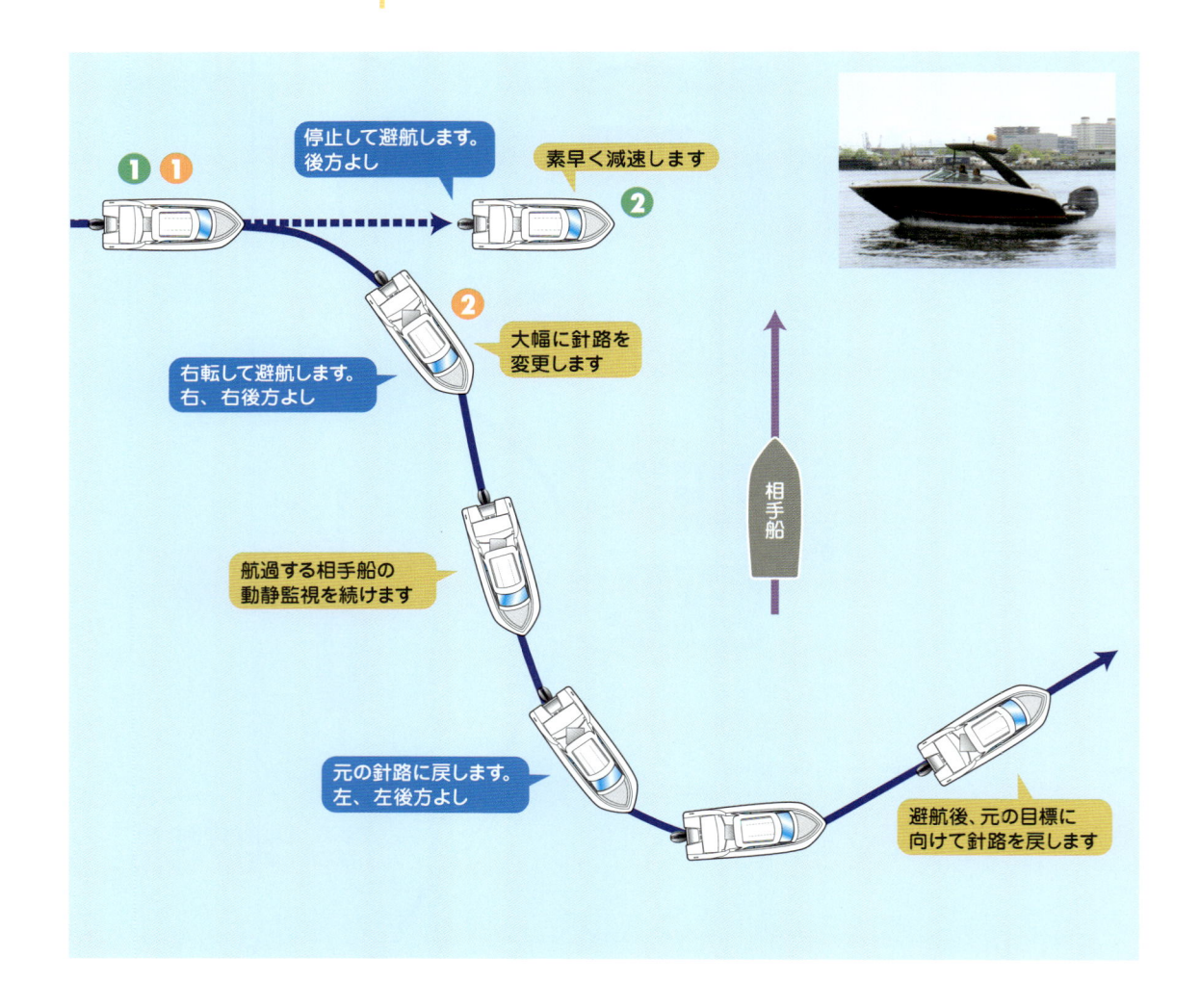

停止して避航します。後方よし

素早く減速します

大幅に針路を変更します

右転して避航します。右、右後方よし

航過する相手船の動静監視を続けます

相手船

元の針路に戻します。左、左後方よし

避航後、元の目標に向けて針路を戻します

03 各種船舶間の航法（ヨット、漁ろう中の漁船）

【要点】
● 操縦性能が高いものが低いものを避ける原則にのっとり相手船の進路を避けます。
● 減速・停止して航過を待つか、相手船の船尾側に回り込んで進路を避けます。ただし、船尾方向に漁具を出している漁船に対しては、船尾方向に避けることは控えます。

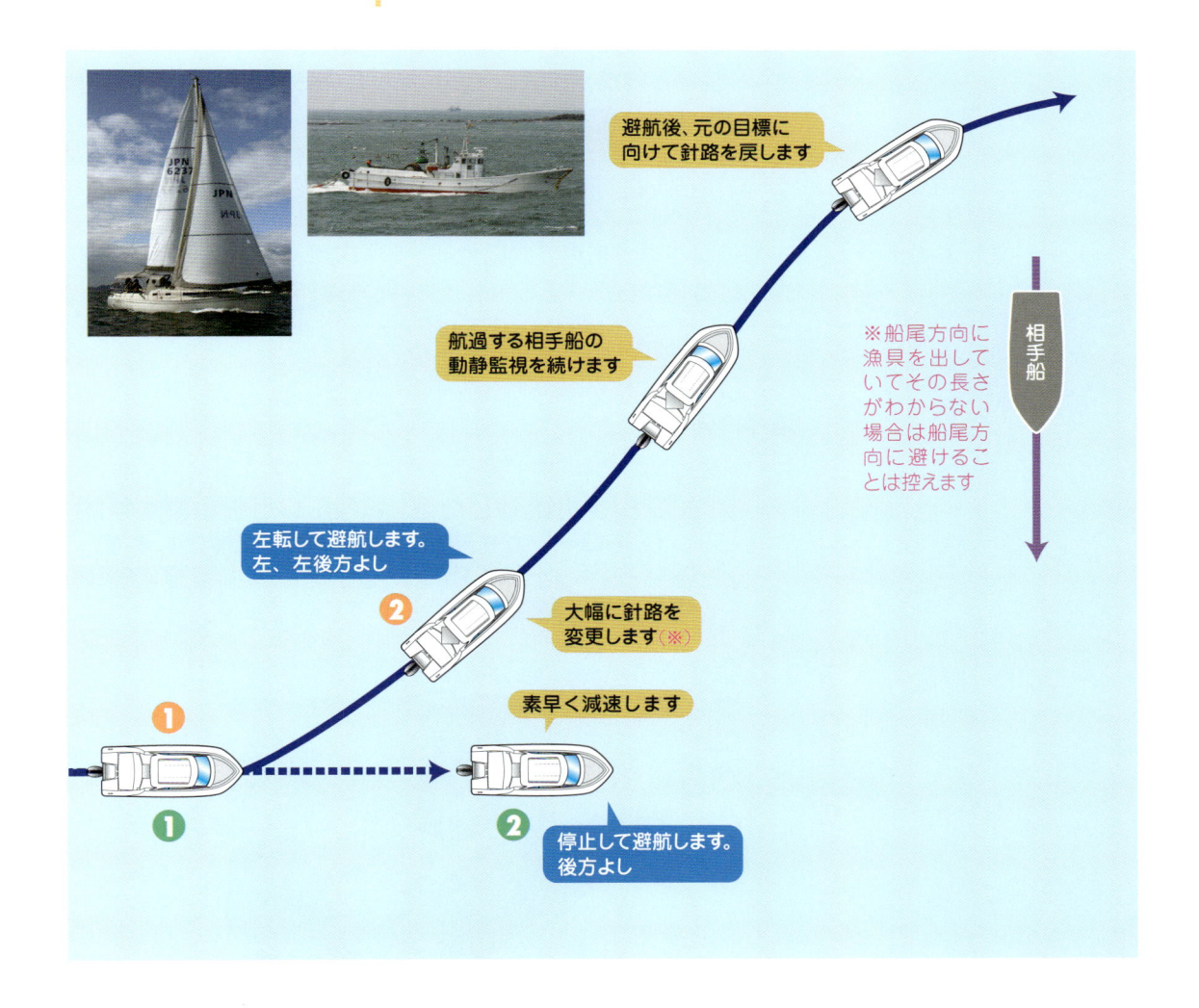

避航後、元の目標に向けて針路を戻します

航過する相手船の動静監視を続けます

※船尾方向に漁具を出していてその長さがわからない場合は船尾方向に避けることは控えます

相手船

左転して避航します。左、左後方よし

❷

大幅に針路を変更します※

素早く減速します

❶

❶

❷

停止して避航します。後方よし

第11課 離岸・着岸

11-1 離岸

　桟橋等において解らんした船舶を、出航する態勢をとることができる安全な水域まで離岸させます。周囲の状況をよく確認し、離岸していく水域の安全、他の船舶の有無や風・潮流の状態などを考慮して離岸方法を決定します。

[離岸のチェックポイント]

- **01** 離岸準備の方法
- **02** 船尾周り、周囲の安全確認の実施
- **03** ハンドル及びリモコンレバーの操作方法
- **04** 船体と桟橋が接触しそうになった場合の措置
- **05** 継続的な見張りの実施

❶前進離岸

　前進離岸は、船尾方向に他船や障害物がある場合、風や流れを船首方向から受ける場合などに用いられます。

次のような要領で行いましょう

01 　離岸準備

[要点]
- ●エンジンを始動した後、解らんしたら素早く乗船し、係船ロープが水中に落ちないように係止します。
- ●船体を押し出して桟橋から十分に離します。船首側を大きく離すと離岸しやすくなります。

次ページへ続く

離岸や着岸は制限された狭い水域における低速での操縦となり、風などの外力の影響を大きく受けます。
船の運動特性や外力の影響を常に考えるとともに積極的に利用し、安全で確実な操船を心掛けましょう。
ここでは1人で乗船するとの想定で離岸、着岸を実施します。離岸は解らんに引き続き行い、
着岸した後はすぐに係留しますので、第1章 第2課の解らん・係留もあわせてお読みください。

02 安全確認（船尾周り）

【要点】
● プロペラへの巻き込み事故を防止するため、船尾付近に遊泳者や浮遊物が無いことを確認します。解らんすると船が動き出すため、外力の影響があるときは、解らん前か解らん直後に行います。

03 安全確認（周囲）

【要点】
● 周囲の安全、特に接近する船舶の有無、離岸していく方向の安全を確認します。
● 離岸することを同乗者に伝えます。

次ページへ続く

04 前進

【要点】
- 桟橋と反対側にハンドルを切り、シフトを前進に入れます。決していきなり増速せず、最低速で静かに動かします。

05 船尾確認

【要点】
- ハンドルを桟橋と反対側に切っているので船尾が桟橋に向かうように動きます。船尾が桟橋に接触するおそれがないか、後方をよく確認します。船尾が接触しそうなら、ハンドルを戻して桟橋から遠ざけます。その後、再び桟橋と反対側に切り、徐々に離れていきます。

次ページへ続く

06 離岸

【要点】
● 目標を定めて、意図する水域に向かって低速で離岸していきます。

07 見張り

【要点】
● 前方だけを見るのではなく、周囲の見張りを継続して行います。

次ページへ続く

08 中立　離岸終了

● 出航できる態勢が取れる安全な場所まで来たらエンジンを中立にします。

09 係船ロープ　フェンダー

● 桟橋から完全に離れたら船上にフェンダーを収容し、係船ロープを航海時に脱落しないように適切にコイルし格納します。

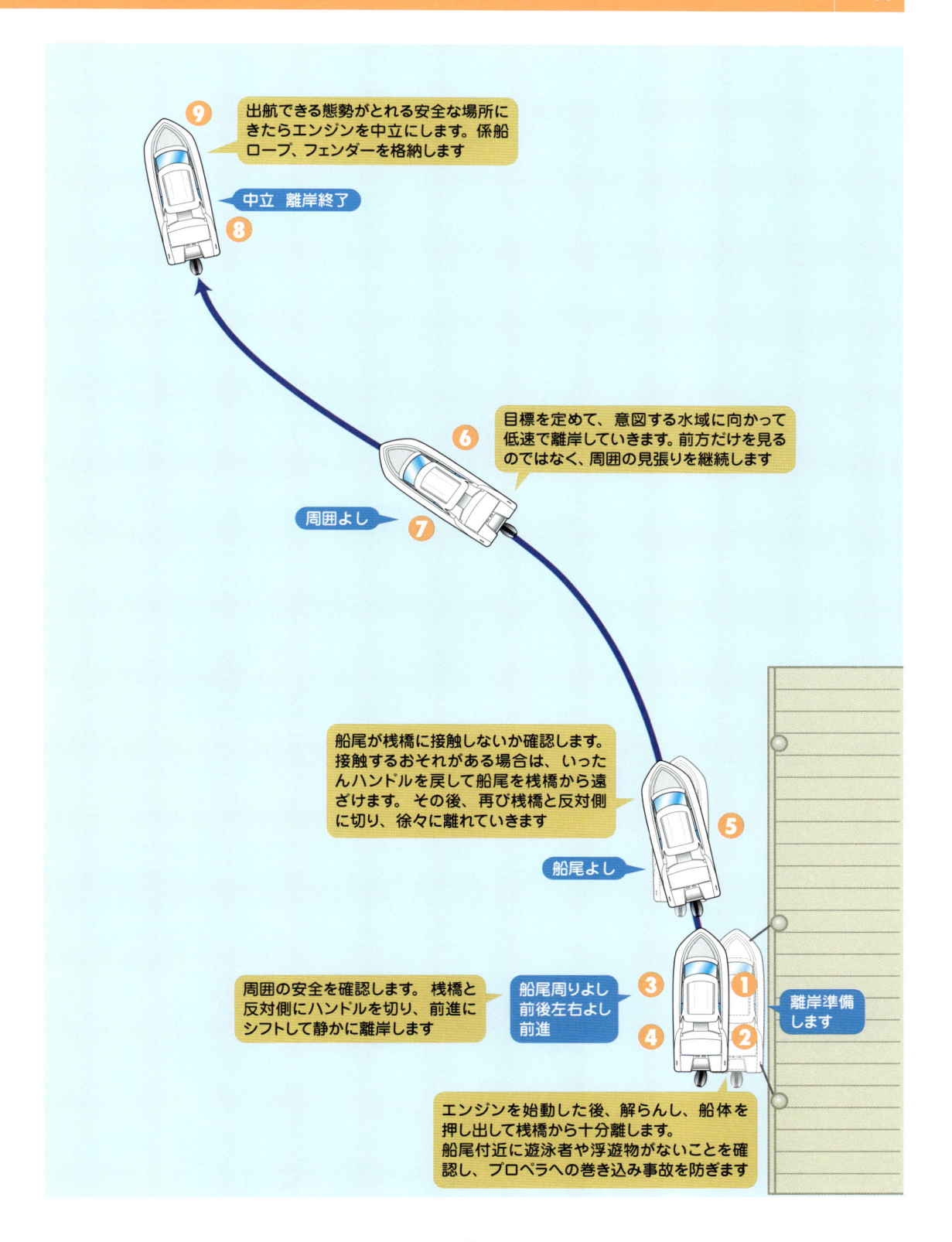

❷後進離岸

　ほとんどの船体は船首が絞られた形状をしているため、後進で離岸した方が桟橋と接触する危険が軽減されます。そのため、後進離岸は、前方に障害の有る無しにかかわらず一般によく使われます。

次のような要領で行いましょう

01 離岸準備

> 【要点】
> ●エンジンを始動した後、解らんしたら素早く乗船し、係船ロープが水中に落ちないように係止します。船体を押し出して桟橋から十分に離します。船尾側を大きく離すと離岸しやすくなります。

02 安全確認（船尾周り）

> 【要点】
> ●プロペラへの巻き込み事故を防止するため、船尾付近に遊泳者や浮遊物が無いことを確認します。
> ●解らんすると船が動き出すため、外力の影響があるときは、解らん前か解らん直後に行います。

次ページへ続く

03 安全確認（周囲）

【要点】
- 周囲の安全、特に接近する船舶の有無、離岸していく方向の安全を確認します。
- 離岸することを同乗者に伝えます。

04 後進

【要点】
- 桟橋と反対側にハンドルを切り、シフトを後進に入れます。決していきなり増速せず、最低速で静かに動かします。

次ページへ続く

05 船首確認

【要点】
- ハンドルを桟橋と反対側に切っているので船首が桟橋に近づきます。船首が桟橋に接触するおそれがないか、前方をよく確認します。
- 船首が接触しそうならハンドルを戻して桟橋から遠ざけます。その後再び桟橋と反対側に切り、徐々に離れていきます。

06 離岸

【要点】
- 目標を定めて、意図する水域に向かって低速で離岸していきます。
- 風が強いとその方向に船尾が切り上がるので、意図する方向に向かないときは少し速力を上げます。

次ページへ続く

07 見張り

【要点】
● 後方だけを見るのではなく、周囲の見張りを継続して行います。

08 中立　離岸終了

【要点】
● 出航できる態勢が取れる安全な場所まで来たらエンジンを中立にします。

09 係船ロープ　フェンダー

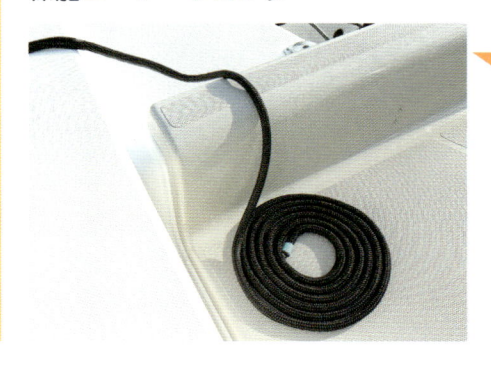

【要点】
● 桟橋から完全に離れたら船上にフェンダーを収容し、係船ロープを航海時に脱落しないように適切にコイルし格納します。

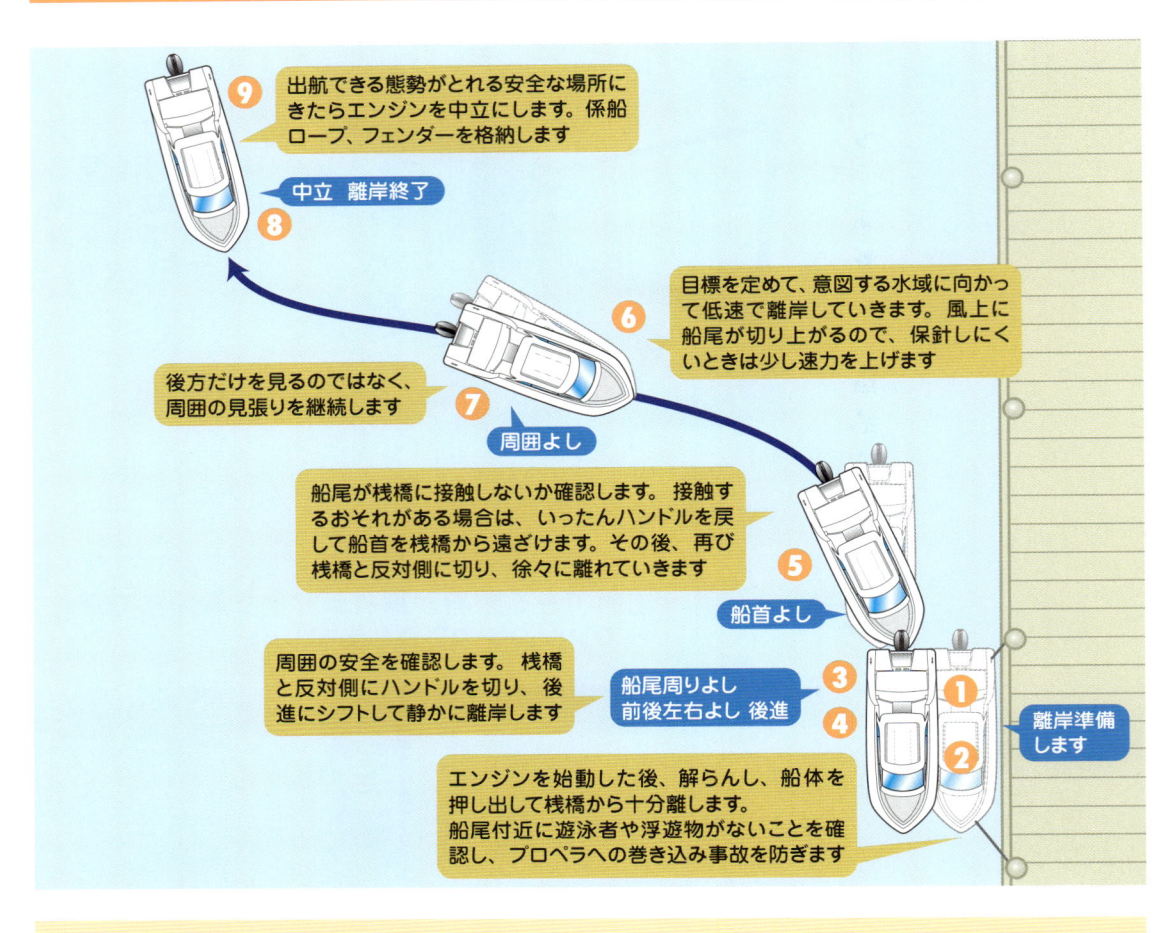

⑨ 出航できる態勢がとれる安全な場所に きたらエンジンを中立にします。係船 ロープ、フェンダーを格納します

中立 離岸終了 ⑧

⑥ 目標を定めて、意図する水域に向かっ て低速で離岸していきます。風上に 船尾が切り上がるので、保針しにく いときは少し速力を上げます

後方だけを見るのではなく、 周囲の見張りを継続します ⑦

周囲よし

船尾が桟橋に接触しないか確認します。接触す るおそれがある場合は、いったんハンドルを戻 して船首を桟橋から遠ざけます。その後、再び 桟橋と反対側に切り、徐々に離れていきます ⑤

船首よし

周囲の安全を確認します。桟橋 と反対側にハンドルを切り、後 進にシフトして静かに離岸します

船尾周りよし ③ 前後左右よし 後進 ④

① ② 離岸準備 します

エンジンを始動した後、解らんし、船体を 押し出して桟橋から十分離します。 船尾付近に遊泳者や浮遊物がないことを確 認し、プロペラへの巻き込み事故を防ぎます

転心（ピボットポイント）

　船を旋回させるとき、船体はある一点を中心に回転しながら針路を変えていきます。この回転する中心を転心（ピボット・ポイント）といい、殆どのモーターボートは船体の中心よりやや前方にあります。前進旋回時は転心より前方は内側に切れ込み、転心より後方は外側に振り出されるので、船首の航跡（バウスイング）より船尾の航跡（スタンスイング）が大きくなります。後進旋回時はその逆で船首が外側に振り出される量は船尾が内側に切れ込む量より小さくなります。

　後進離岸がしやすく、前進離岸がしにくいのは、船型に加えてこの転心の位置にも関係

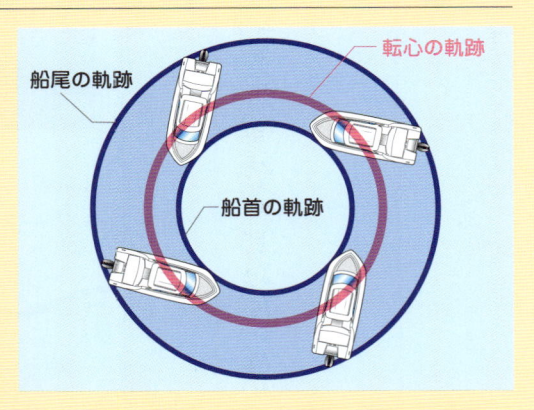

転心の軌跡

船尾の軌跡

船首の軌跡

しています。離岸など狭い水域での操縦ではこの転心を意識して、船尾の動きを常に注視するとともに、船全体を高い所から見おろすような気持ちで操縦します。

[風潮流が強い場合の離岸]

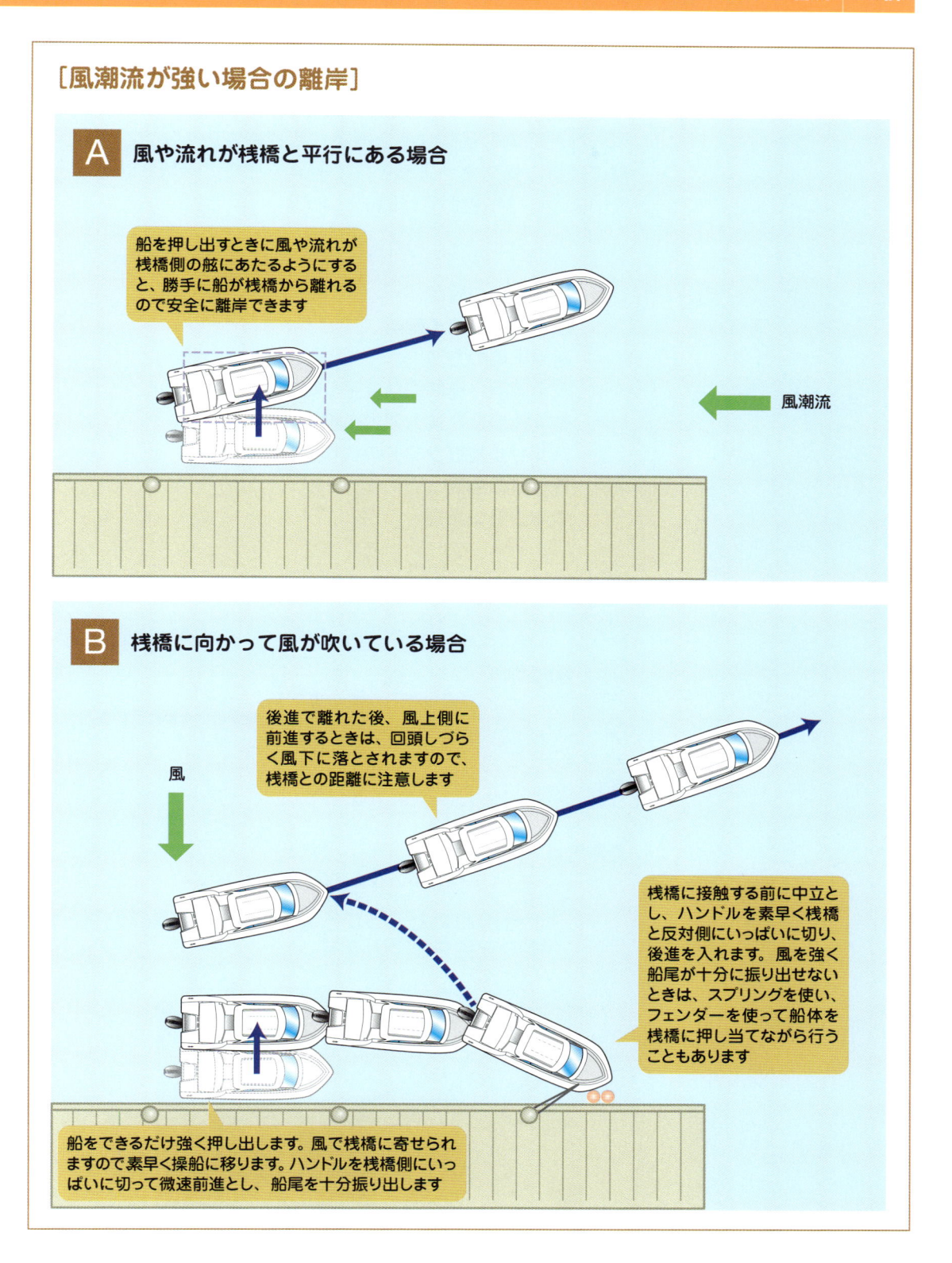

A 風や流れが桟橋と平行にある場合

船を押し出すときに風や流れが桟橋側の舷にあたるようにすると、勝手に船が桟橋から離れるので安全に離岸できます

風潮流

B 桟橋に向かって風が吹いている場合

後進で離れた後、風上側に前進するときは、回頭しづらく風下に落とされますので、桟橋との距離に注意します

風

桟橋に接触する前に中立とし、ハンドルを素早く桟橋と反対側にいっぱいに切り、後進を入れます。風を強く船尾が十分に振り出せないときは、スプリングを使い、フェンダーを使って船体を桟橋に押し当てながら行うこともあります

船をできるだけ強く押し出します。風で桟橋に寄せられますので素早く操船に移ります。ハンドルを桟橋側にいっぱいに切って微速前進とし、船尾を十分振り出します

　桟橋等の意図するところに着岸します。港内や桟橋の使用状況、風・潮流の状態などを考慮して着岸方法を決定します。無理に桟橋に接岸させようとして船体を桟橋に接触させることのないように落ち着いて行いましょう。

［着岸のチェックポイント］
01　着岸地点の確認
02　風潮流の影響の確認
03　着岸準備の方法
04　安全確認、継続的な見張りの実施
05　進入角度及び進入速力の調整
06　ハンドル及びシフトの操作要領
07　行き足の制御
08　着岸姿勢の把握

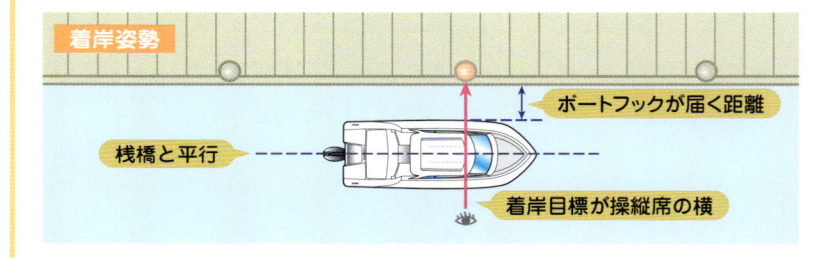

着岸姿勢

ボートフックが届く距離
桟橋と平行
着岸目標が操縦席の横

次のような要領で行いましょう

01　着岸地点

【要点】
●十分離れたところから着岸地点の目標の位置と桟橋の安全を確認します。

次ページへ続く

02 着岸方法

【要点】
● 風潮流などの外力の状況を判断し、右舷か左舷かの着岸方法、進入角度を決定します。

03 着岸準備

【要点】
● 接岸する舷側にフェンダーを適切な高さに装着し、船首、船尾の係船ロープを準備します。ボートフックもすぐに使えるところに用意します。
● 着岸することを同乗者に伝えます。

次ページへ続く

04 安全確認・見張り

【要点】
- 周囲の安全、特に接近する船舶の有無を確認します。接近する船舶があれば通航が途切れるのを待ちます。
- 着岸時であっても、周囲の見張りを継続して行います。

05 前進

【要点】
- 発進前に前後進にシフトして確実に入ることを確認した後、着岸目標から半艇身ほど前方に進入目標を定め、これに向けて最低速で静かに発進します。特に外力の影響がなければ進入角度が30度位になるようにします。

次ページへ続く

06 中立・着岸地点の確認

【要点】
●着岸地点の手前、船の長さの3～4倍位のところでいったん中立にして、着岸地点の状況、外力の強さをもう一度確認するとともに惰力を確認します。外力の影響に見合った進入角度になるよう調整し、惰力が強ければ舵が効く最低限の速力になるよう中立と短時間の微速前進を繰り返して接近します。

07 中立

【要点】
●着岸時の姿勢をイメージし、桟橋に接触させないように、着岸地点に船を持っていきます。船体と桟橋が平行になるようにハンドルを切り、目標の直前で中立とします。

次ページへ続く

08　後進・中立

【要点】
- 平行になる直前にハンドルを中央か心持ち桟橋側に切り、微速後進をかけて行き足を止めます。
- 桟橋の着岸目標とその背後にある物標（あるいは自身の真横の船体の一部と着岸目標）の動きを見て両方が動かなくなったら中立にします。

09　着岸終了

【要点】
- 船体の姿勢と桟橋との間隔を確認します。桟橋との間隔が離れていたらボートフックでゆっくり引き寄せます。接岸したら係留します。

［行き足を確実に止める練習］

- 103ページのBOATER's EYEを参考に、行き足を確実に止める練習をしましょう。
- 桟橋と平行に進入して着岸点とその後方の目標を使って確実に着岸点の横で停船します。

- 行き足の制御ができるようになったら、角度をつけてハンドルを操作しながら着岸点に接近します。角度をつけて進入すると桟橋に向かう力が発生するのでぶつけないように注意します。

前進▶中立 着岸点

前進▶中立 ハンドル操作 着岸点

中立▶後進 着岸点

中立▶後進 ハンドル操作 着岸点

中立▶停船 着岸点

中立▶停船 ハンドル操作 着岸点

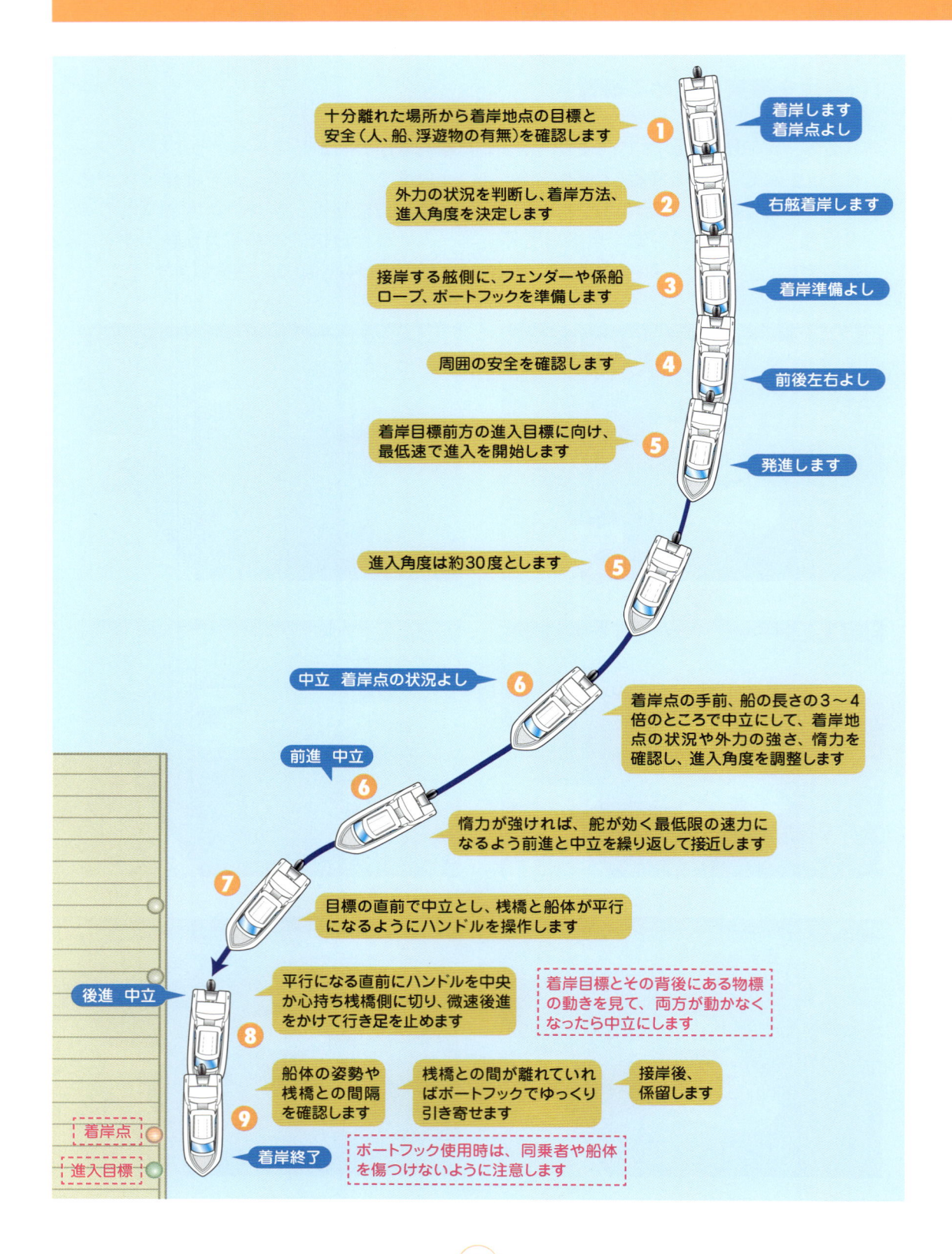

1 十分離れた場所から着岸地点の目標と安全（人、船、浮遊物の有無）を確認します　着岸します　着岸点よし

2 外力の状況を判断し、着岸方法、進入角度を決定します　右舷着岸します

3 接岸する舷側に、フェンダーや係船ロープ、ボートフックを準備します　着岸準備よし

4 周囲の安全を確認します　前後左右よし

5 着岸目標前方の進入目標に向け、最低速で進入を開始します　発進します

5 進入角度は約30度とします

6 中立　着岸点の状況よし　着岸点の手前、船の長さの3〜4倍のところで中立にして、着岸地点の状況や外力の強さ、惰力を確認し、進入角度を調整します

6 前進　中立　惰力が強ければ、舵が効く最低限の速力になるよう前進と中立を繰り返して接近します

7 目標の直前で中立とし、桟橋と船体が平行になるようにハンドルを操作します

後進　中立　着岸目標とその背後にある物標の動きを見て、両方が動かなくなったら中立にします

8 平行になる直前にハンドルを中央か心持ち桟橋側に切り、微速後進をかけて行き足を止めます

9 船体の姿勢や桟橋との間隔を確認します　桟橋との間が離れていればボートフックでゆっくり引き寄せます　接岸後、係留します

着岸終了　ボートフック使用時は、同乗者や船体を傷つけないように注意します

着岸点
進入目標

［風が桟橋側から強く吹いている場合］

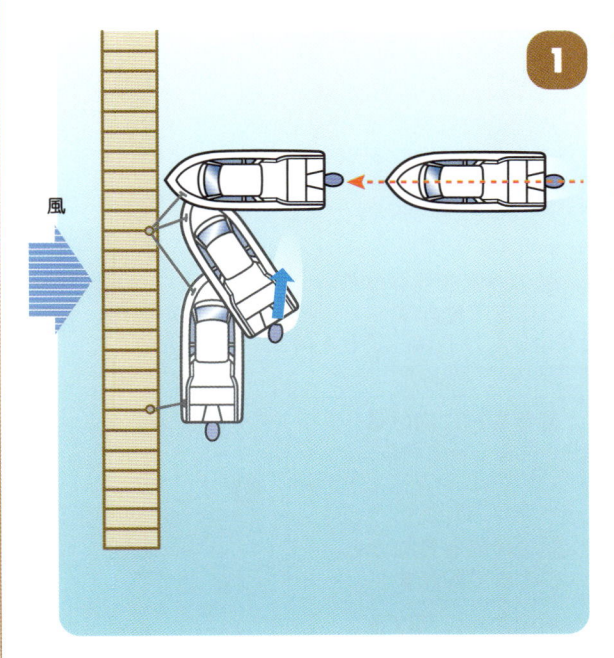

1
- 船体と桟橋が平行になると、横からの風を受けてすぐに桟橋から離れてしまいます。そのため風をブレーキ代わりに使い桟橋に対して直角に進入します。
- 速力調整をしながら桟橋に寄せ、船首ロープを持って船首から下船します。
- 船体が桟橋と平行になったときに丁度よい長さとなるよう桟橋の係船設備に船首ロープを係留します。
- 桟橋側にハンドルをいっぱいに切り後進に入れると船尾が桟橋に寄ってきます。
- 船尾が接岸したら下船して船尾を係留します。

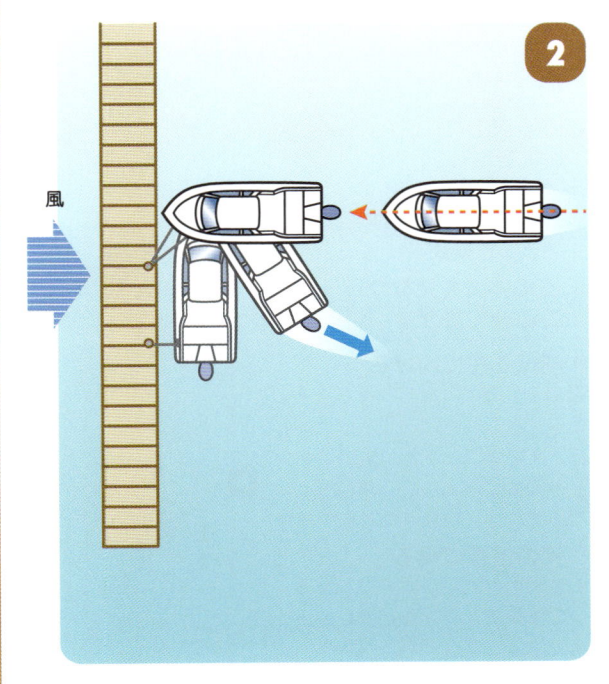

2
- **1** と同じように風をブレーキ代わりに使い桟橋に対して直角に進入します。
- 速力調整をしながら桟橋に寄せ、船首ロープを持って船首から下船します。
- 船首ロープを船体が桟橋と平行になったときに丁度よい長さとなるよう桟橋の係船設備に船首ロープを係留します。
- 桟橋と反対側にハンドルをいっぱいに切り前進に入れると前進しながら船尾が桟橋に寄ってきます。船首ロープをつないであるので前進しても桟橋から離れません。
- 船尾が接岸したら下船して船尾を係留します。
- 船首ロープの長さ調整がポイントで、短すぎると船尾が寄らず、船体を桟橋に接触させることになります。

参考 その場回頭

マリーナの中など狭小水域内でボートを取り回す必要がある場面は意外とあります。そういった水域において安全に操縦できるようになるため、設定した2定点（ブイ）間において1〜2艇身内で180度回頭する方法を練習しておくとよいでしょう。

ボートの操縦特性をよく理解し、確実にボートをコントロールできるようになりましょう。

　ここでは船外機1基掛け（右回りプロペラ）で、風や流れがない場合を想定しています。後進を掛けるとプロペラの横圧力で船尾が左に振れる特性を利用して時計回りに回頭します。もし外力の影響がある場合は、船首を外力に向けて開始します。

〔その場回頭のチェックポイント〕
（1）シフトとハンドル操作のタイミングを把握すること
①船を向けたい方にハンドルを切ってからシフトすること
②シフトは必ず中立を経由させ、ハンドルは中立のときに切ること

（2）スロットルコントロールで船の向きを変えず、アイドルスピードを保つこと

（3）ピボットポイントを把握し、操作中の船の動き、周辺との距離を注視しながら操縦すること

（4）操船中は定点（ブイ）の位置を常に確認しながら、周囲の見張りも怠らないこと

次のような要領で行いましょう

①-A：開始位置
旋回方向を決めます。時計回り（船尾を左、船首を右）とします。

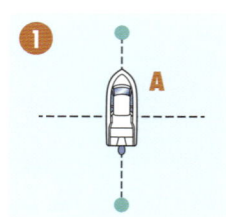

②-A：船尾を左に向ける
・左舷後方を向き、ハンドルを左一杯に切る
・エンジンを後進にシフト（約2秒）
・ニュートラルに戻す

②-B：船の体勢を見ながらここまで動かす
・回頭が足りなければシフトを繰り返す（②以降も同じ）

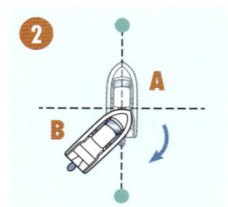

③-B：船首を右に向ける
・ハンドルを右一杯に切る
・エンジンを前進にシフト（約1.5秒）
・ニュートラルに戻す

③-C：船の体勢を見ながらここまで動かす

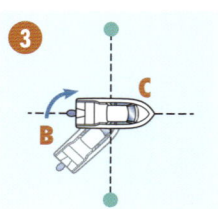

④-C：船尾を左に向ける
・左舷後方を向き、ハンドルを左一杯に切る
・エンジンを後進にシフト（約2秒）
・ニュートラルに戻す

④-D：船の体勢を見ながらここまで動かす

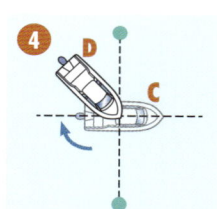

⑤-D：船首を右に向ける
・ハンドルを右一杯に切る
・エンジンを前進にシフト（約1.5秒）
・ニュートラルに戻す

⑤-E：船の体勢を見ながらここまで動かす

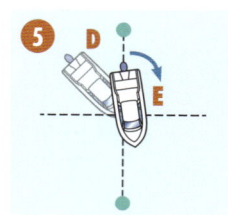

⑥-E：船尾を左に向ける
・左舷後方を向き、ハンドルを左一杯に切る
・エンジンを後進にシフト（約2秒）
・ニュートラルに戻し、180度回頭したところでハンドルを中央に戻す

⑥-F：元の位置に戻る
・最初の位置とずれていたらハンドルを中央のままエンジンを前進にシフトし元の位置に戻る

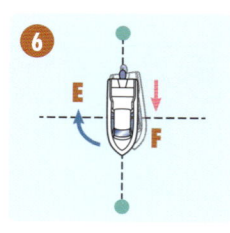

付録

一・二級小型船舶操縦士実技試験について

動画視聴

1. アンカリング
2. えい航
3. 夜間航行

一・二級小型船舶操縦士 実技試験について

1 実技試験は、5トン未満の試験船を使用して実施します。

2 配点と合格基準

	小型船舶の取扱い	基本操縦	応用操縦	合 計
科目別の配点	60点	120点	120点	300点

合格基準：試験科目別の成績が配点の60％以上かつ、成績の合計が配点合計の70％以上であること

3 実技試験の概要

（1）小型船舶の取扱い

1）**発航前の点検**：指示された箇所についての点検を行います。船体・操縦席、エンジン、法定備品・法定書類から、2箇所ずつ点検箇所を選択して指示します。（点検箇所は発航前の点検箇所一覧参照）（2分）

2）**機関運転**：エンジンの始動・暖機・停止を行います。（1分）

3）**トラブルシューティング**：トラブルが発生したことを想定し、解決するための処置を実際に行います。（1分）

4）**解らん・係留**：離岸の前に解らん作業、着岸の後に係留作業を行います。（各1分）

5）**結索**：巻き結び、もやい結び、いかり結び、クリート止め、一重つなぎ、二重つなぎ、本結びから1つを選択して指示します。（30秒）

6）**航海計器の取扱い**：磁気コンパス（ハンドコンパス等）で物標の方位を測定します。（30秒）

（2）操縦

安全確認：航行中は、常に適切な見張りを行い、周囲の状況や自船の状態の把握に努めましょう。また、発進や停止、増減速、変針等、今までの状態とは異なる動作をとる前には、あらためて十分な安全確認を行う必要があります。とりわけ、最初の発進、後進及び離岸を開始する前には、船尾（プロペラ）付近に人や障害物がないか、船尾（プロペラ）付近が見える位置まで移動して安全を確認してください。

1) 基本操縦：

① **発進・直進・停止**：指示された目標に向かって指定された速力で直進します。なお、顕著な目標を設定できない水域では、磁気コンパスを使用して針路を指示する場合があります。

② **後進**：指示された目標に向かって微速で後進します。次の指示があるまで、後進を続けてください。

③ **変針（旋回）**：滑走状態で直進中に、指示された変針目標に向かって、滑走状態を保ったままの速力で変針します。変針終了後は、次の指示があるまで目標に向かって直進を続けてください。なお、顕著な変針目標を設定できない水域では、磁気コンパスを使用して変針を行う場合があります。この場合は、指示した針路に向けて変針し、次の指示があるまで変針後の針路を保ってください。

④ **蛇行（連続旋回）**：概ね50メートル間隔で設置した3個のブイを使用して、滑走状態で蛇行を行います。3個のブイの見通し線上から進入し、下図の要領でブイの間を抜け、再びブイの見通し線上に戻るように操縦します。見通し線上に戻った後は、次の指示があるまで直進を続けてください。なお、特に指示がなければ、左右どちらの方向から蛇行に入ってもかまいません。

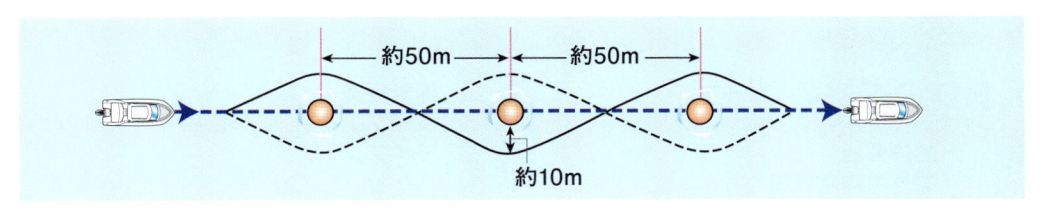

2) 応用操縦：

① **人命救助**：航行中に要救助者を発見したという想定で、要救助者に見立てたブイを使用して人命救助を行います。試験員がブイの位置を知らせますので、必要に応じてボートフックなどの救助準備をしてから救助に向かってください。その際、救助する舷を試験員に伝えてください。ブイの船内への揚収は、操縦者自身が行ってください。必要に応じて後進を使用してもかまいません。もし宣言した救助舷と反対側の舷にブイが来てしまっても、放置せずに揚収してください。救助に失敗した場合は、直ちに再救助に向かってください。ブイを見失った場合、プロペラが回転している状態で揚収した場合、ブイを行き過ぎて後進で戻って揚収した場合、ブイに激しく接触した場合は救助失敗と見なします。

※実際に救助活動を行う場合には、要救助者に向けて救命浮環など浮力となるものを投げ与え、船内に揚収する際には、安全確保のためエンジンを停止します。

② **避航操船**：航行中、十分余裕のある時期に他船との見合い関係（行会い、横切り等）が生じたという想定で、避航操船を行います。図や写真で接近する船を提示しますので、実際にその見合い関係にあるものとして、他の周囲の状況等も考慮したうえで、適切な避航動作をとってください。

③ **離岸**：桟橋等において、解らん直後の状態にある船舶を、出航する態勢をとることができる安全な水域まで離岸させます。桟橋を押すなどの作業は、操縦者自身が行ってください。必要に応じてボートフックを使用してもかまいません。特に指示がなければ、後進離岸または前進離岸のどちらを選択してもかまいません。

④ **着岸**：桟橋等の指定されたところに着岸します。着岸点または係留設備を指示しますので、着岸点なら操縦席がほぼ真横になるように、係留設備ならその位置で係留できるように着岸してください。必要に応じて後進を使用してもかまいません。船と桟橋の間隔は、ボートフックが届く範囲内とします。また、着岸終了後は引き続き係留作業を行いますので、あらかじめ係船ロープやボートフックを準備しておいてください。特に指示がなければ、右舷着岸または左舷着岸のどちらを選択してもかまいません。

※小型船舶操縦士の試験全般に関することは、試験機関のウェブサイト（https://www.jmra.or.jp/）を参照のこと。

発航前の点検箇所一覧

船体・操縦席
1　船体外板
2　船体の安定状態
3　浸水の有無
4　推進器（プロペラ）
5　船 灯
6　ワイパー
7　ホーン

エンジン（船内外機）
1　バッテリー
2　メインスイッチ
3　燃料油量
4　燃料コック
5　燃料フィルター
6　燃料パイプ等
7　エンジンオイル
8　ギヤオイル
9　パワーステアリングオイル
10　冷却水量
11　Vベルト

法定備品・法定書類
1　信号紅炎
2　ライフブイ
3　ライフジャケット
4　バケツ
5　あかくみ
6　消火器
7　アンカー及びアンカーロープ（又はチェーン）
8　係船ロープ
9　船舶検査証書
10　船舶検査手帳
11　船舶検査済票・船舶番号

エンジン（船外機）
1　バッテリー
2　緊急エンジン停止スイッチ
3　メインスイッチ
4　燃料油量
5　燃料コック
6　燃料ホース
7　燃料フィルター
8　エアベントスクリュー（通気口）
9　プライマリーポンプ
10　エンジンオイル
11　船外機の取付け状態

[実技試験実施概要]

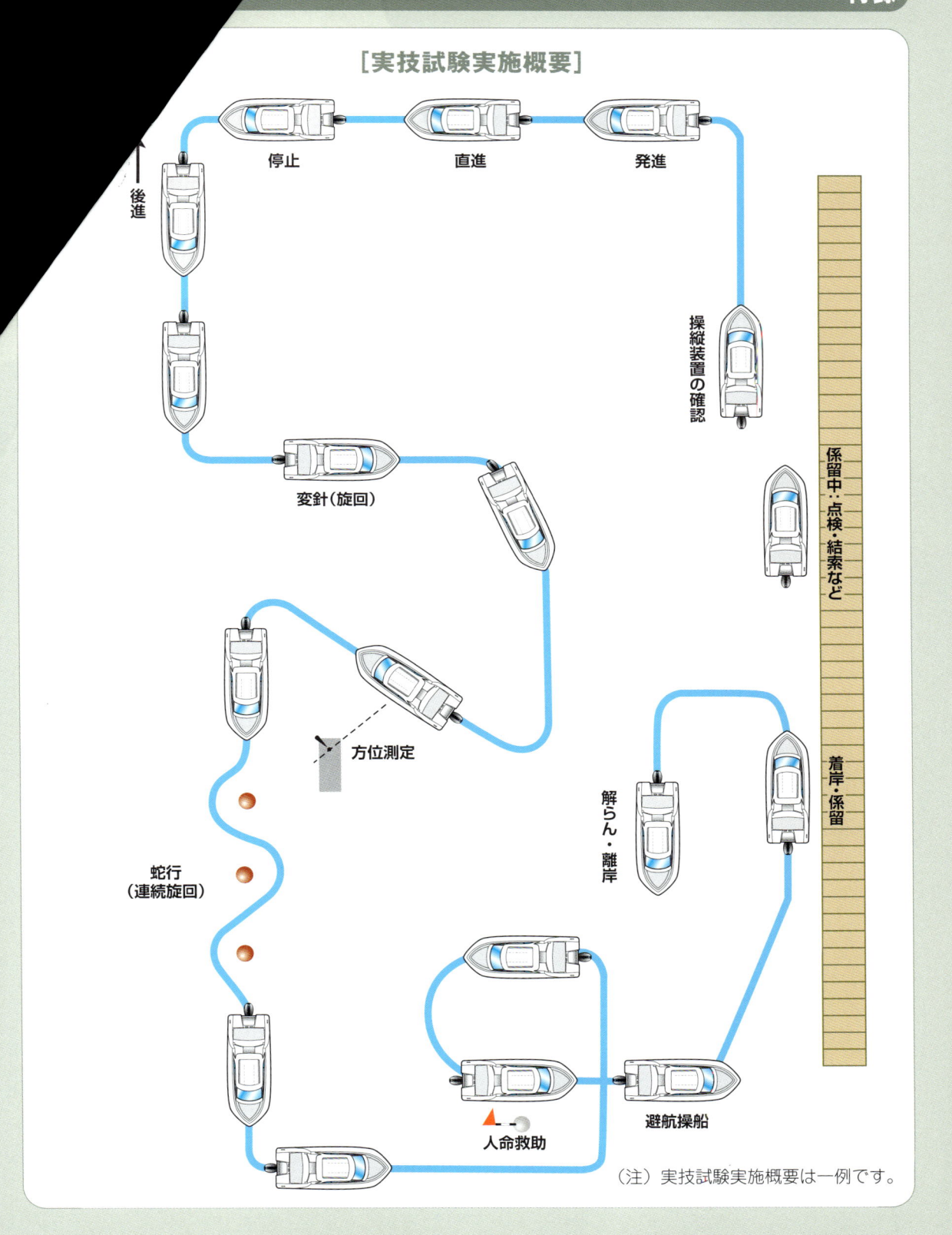

停止　　　直進　　　発進

後進

操縦装置の確認

変針（旋回）

方位測定

係留中：点検・結索など

蛇行
（連続旋回）

解らん・離岸

着岸・係留

人命救助

避航操船

（注）実技試験実施概要は一例です。

小型船舶操縦士実技教本

■令和元年11月1日　初版発行
　令和7年6月20日　第2版1刷発行

■著作権所有　一般財団法人　日本海洋レジャー安全・振興協会
〒231-0005 神奈川県横浜市中区本町4-43　A-PLACE馬車道9階
TEL：045-264-4172　FAX：045-264-4197
https://www.jmra.or.jp/

■発行所　　　株式会社 舵社
〒105-0013　東京都港区浜松町1-2-17　ストークベル浜松町
TEL：03-3434-5181　FAX：03-3434-2640
https://www.kazi.co.jp/

ISBN978-4-8072-3176-8　C2075